Gartennützlinge – Gartenschädlinge

Willi Votteler

Gartennützlinge – Gartenschädlinge

Obst- und Gartenbauverlag · München

Herausgeber: Bayerischer Landesverband für Gartenbau und Landespflege, Herzog-Heinrich-Straße 21, 80336 München.
Mit freundlicher Reproduktionserlaubnis des Schaper-Verlages, Hannover und der E. Schweizerbartschen Verlagsbuchhandlung, Stuttgart.
Druckerei: Ludwig Auer GmbH, Donauwörth.
5. Auflage 2000. ISBN 387596-085-8.

Gartennützlinge – Gartenschädlinge

Tiere im Garten

Einen naturnahen Garten zu besitzen, mit einer Vielzahl von Bewohnern aus dem Tierreich, ist das erklärte Ziel vieler Gartenbesitzer. Oft wird aber auch befürchtet, neben Nützlingen und harmlosen Besuchern eine Reihe von Schädlingen anzulocken. Zwar werden sie dort, wo die Natur im Gleichgewicht ist, kaum einmal gehäuft auftreten, zumindest nicht für längere Zeit. Da aber selbst der naturnahe Garten stets ein Eingriff in die Natur ist, kann es auch hier durchaus einmal zu einem Massenauftreten, vor allem von Insekten kommen. Bevor man nun glaubt, Gegenmaßnahmen einleiten zu müssen, ist es vor allem wichtig festzustellen, mit welchen vermeintlichen Gegenspielern man es überhaupt zu tun hat. Bei dieser Bestimmung helfen zu können, soll die Aufgabe der vorliegenden Broschüre sein. Denn schon oft ist es vorgekommen, daß Nützlinge aus Unkenntnis bekämpft wurden.

Der Pflanzenschutz im Garten hat sich wesentlich gewandelt. Man ist toleranter geworden und versucht vor allem, die Abwehrkräfte der Pflanzen und die natürlichen Gegenspieler der Schädlinge so zu fördern, daß weitergehende Maßnahmen unterbleiben können. Aber auch starke Schäden bei der einen oder anderen Kulturpflanze nehmen viele Gartenbesitzer in Kauf, weil sie die Rückstände eines Pflanzenschutzmittels und die Folgen einer Bekämpfungsmaßnahme auf Bodenleben und belebte Umwelt vermeiden wollen. Zudem reagieren Nützlinge wesentlich empfindlicher auf Pflanzenschutzmaßnahmen als die Schädlinge selbst.

Da jeder Gartenbesitzer über den Umfang seiner Gegenmaßnahmen selbst entscheiden muß, nennt die Broschüre keine Pflanzenschutzmittel. Hinweise auf situationsgerechte Bekämpfungsmaßnahmen erhält man im Gartenbauverein, beim Kreisfachberater für Gartenbau am zuständigen Landratsamt und bei der amtlichen Pflanzenschutzstelle.

Zur Darstellung der Tiere im Garten dienen vorwiegend Aquarelle, die Freiherr Heinrich von Schilling gegen Ende des letzten Jahrhunderts angefertigt hat. Sie sind an Deutlichkeit kaum zu übertreffen und einem Farbfoto weit überlegen. Eine teilweise veraltete Schreibweise ist bei den Texten berichtigt. Nachdenklich mag stimmen, daß manche Tiere, denen man einmal in den Gärten nachgestellt hat, heute so selten geworden sind, daß sie unter Schutz stehen und nicht mehr bekämpft werden dürfen. Welcher Naturfreund würde denn nicht gerne der Raupe beispielsweise des Schwalbenschwanzes die Blätter einiger Möhren opfern, wenn er nur das Glück hätte, sie in seinem Garten anzutreffen.

Möge diese Broschüre dazu beitragen, das Verständnis der Natur im Garten und die Freude an ihrer Reichhaltigkeit zu fördern.

Bayerischer Landesverband
für Gartenbau und Landespflege

Laufkäfer

Von den bei uns vorkommenden gut 750 Laufkäferarten kann die Tafel nur eine unvollkommene Übersicht über deren Formenvielfalt geben. Fast alle Laufkäfer leben räuberisch von anderen, meist pflanzenfressenden Kleintieren und werden uns dadurch zum Nützling. Nur ganz wenige Arten sind auch Pflanzenfresser. Dadurch wird aber der allgemeine Nutzen nicht geschmälert.

1 Dornbart, *Leistus spinibarbis*
2 Fingerkäfer, *Clivina fossor*
3 Scheunenkäfer, *Demetrias atricapillus*
4 Rennkäfer, Rindenläufer, *Dromius quadrimaculatus*
5 *Masoreus wetterhali*
6 Mondfleck, *Callistus lunatus*
7 Wanderkäfer, *Badister unipustulatus*
8 Scheibenhalskäfer, *Synuchus nivalis*
9 Putzkäfer, *Agonum sexpunctatum*
10 Putzkäfer, *Agonum muelleri*
11 *Olistophus rotundatus*
12 *Lagarus vernalis*
13 Kanalkäfer, *Amara strenua*
14 Behaarter Schnelläufer, *Harpalus azureus*
15 *Stenolophus teutonus*
16 *Acupalpus meridianus*
17 Flinkläufer, *Trechus discus*
18 *Anophthalmus schmidtii*
19 Ahlenläufer, *Bembidium varium*
20 *Tachys bistriatus*
21 *Asaphidion flavipes*

Familie
Carabidae
Laufkäfer

Blitophaga undata
Familie
Silphidae
Aaskäfer

Familie
Nitidulidae
Glanzkäfer

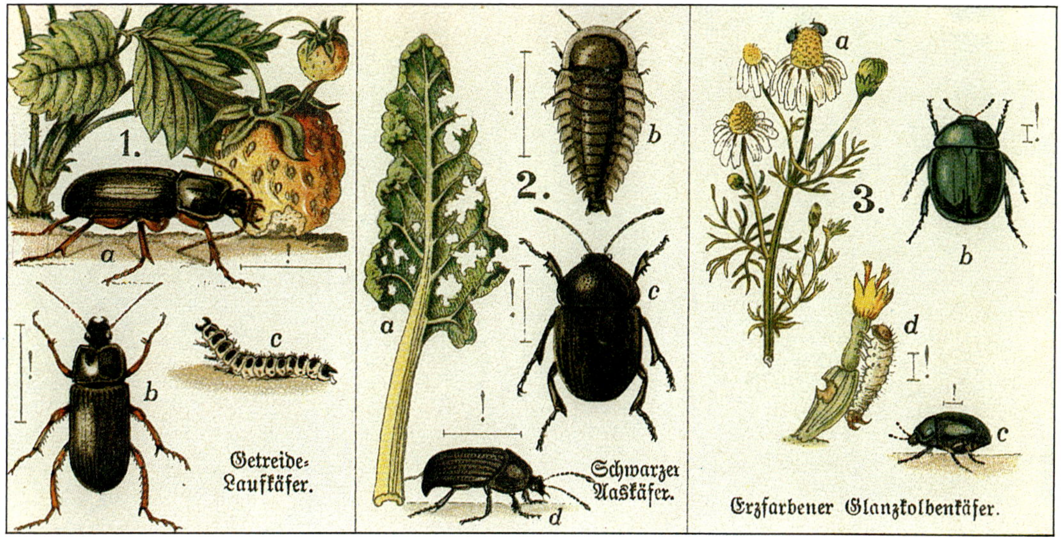

1. **Laufkäfer**
a, b Getreidelaufkäfer; c Larve.
2. **Aaskäfer**
a befressenes Mangoldblatt; b Larve; c, d Käfer.
3. **Glanzkäfer**
a Käfer auf Kamillenblüte; b, c Käfer; d Larve.

Im Zier- und Nutzgarten

Laufkäfer fast alle Arten nützlich

Laufkäfer sind häufig metallisch glänzende, flinke Käfer, die vorwiegend räuberisch von Insekten, Schnecken und Würmern leben. Hauptsächlich während der Nacht aktiv. Tagsüber werden Verstecke unter Laub, Reisig, Steinen und zwischen Pflanzenwurzeln aufgesucht. Die Einrichtung solcher Verstecke fördert den Käferbesatz im Garten. Die Larven jagen auch auf Bäumen. Der Getreidelaufkäfer kann in seltenen Fällen die reifenden kleinen Samen von Erdbeeren abnagen, die dem Boden aufliegen.

Aaskäfer viele nützliche Arten

Die meisten Arten leben von toten Kleintieren, die sie im Boden versenken, indem sie die Erde darunter wegschaffen. Einige leben räuberisch von Schnecken, Würmern und Raupen. Der Schwarze Aaskäfer (Rübenaaskäfer) lebt mit seinen Larven an Melden und Gänsefußgewächsen, deshalb gelegentlich Schäden an Roten Rüben und Spinat. Gegenspieler: Hühner, Enten, Kröten.

Glanzkäfer

Sehr kleine, meist metallisch grün- oder blaugefärbte Käfer. In vielerlei Blüten anzutreffen, wo sie Blütenstaub fressen, Blütenblätter benagen und auch zur Bestäubung beitragen. Manche Arten jagen Borkenkäfer.

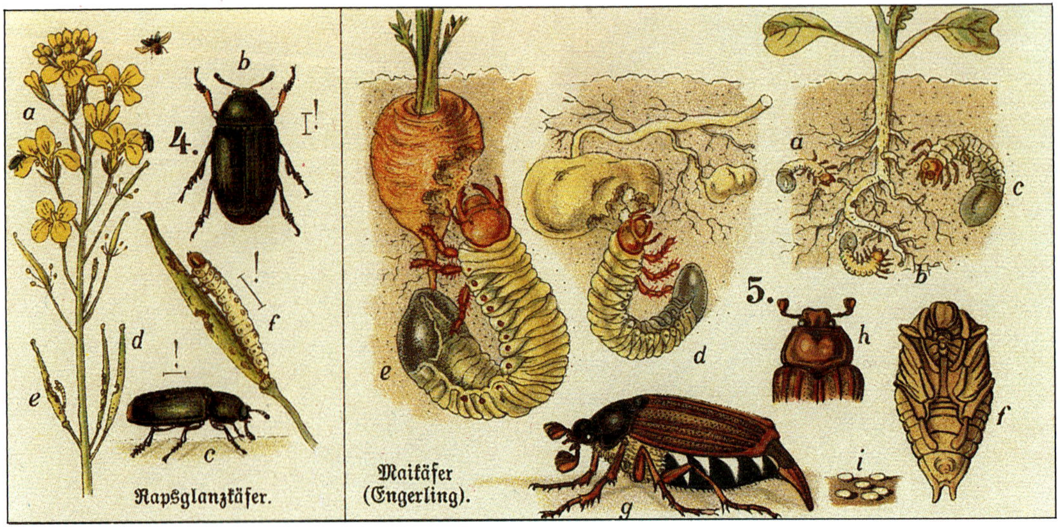

Meligethes aeneus
Familie
Nitidulidae
Glanzkäfer

Melolontha melolontha
Familie
Scarabaeidae
Blatthornkäfer

4. **Rapsglanzkäfer**
a, b, c Käfer; d befressene Schote; e, f Larven.

5. **Maikäfer**
a–e Engerlinge in verschiedenen Entwicklungsstufen; f Puppe; g männl. Maikäfer; h weibl. Maikäfer; i Eier.

6. **Junikäfer**
a, b Käfer; c Eier; d Engerling; e Puppe.

7. **Schnellkäfer** (Drahtwurm)
a Drahtwurm; b Drahtwürmer des Sandschnellkäfers; b^1, b^2 Sandschnellkäfer; c Drahtwürmer des Saatschnellkäfers; c^1 Saatschnellkäfer; d Drahtwürmer des Humusschnellkäfers; d^1 Käfer.

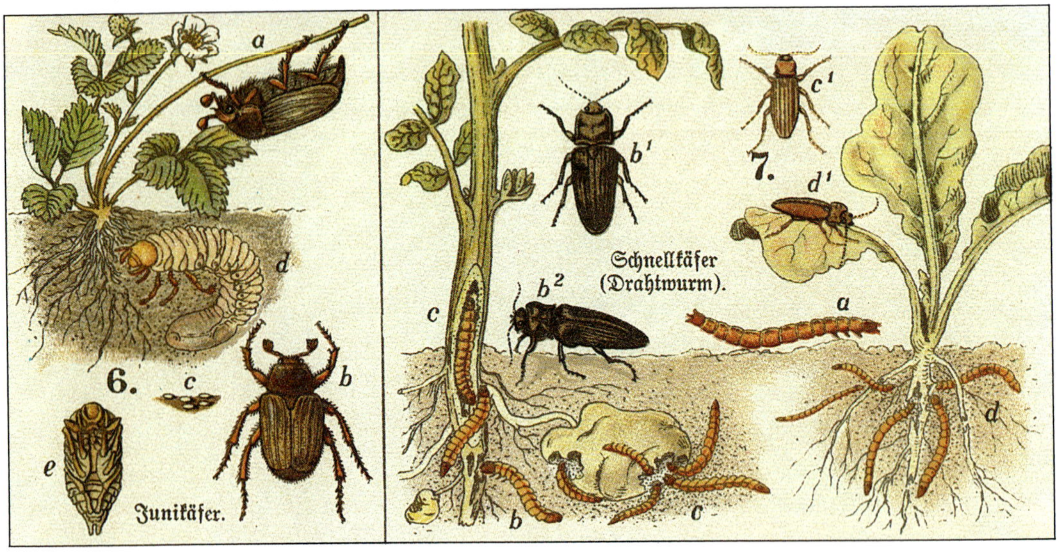

Anomala aenea
Familie
Scarabaeidae
Blatthornkäfer

Familie
Elateridae
Schnellkäfer

Familie
Bruchidae
Samenkäfer

Apion spec.
Familie
Curculionidae
Rüsselkäfer

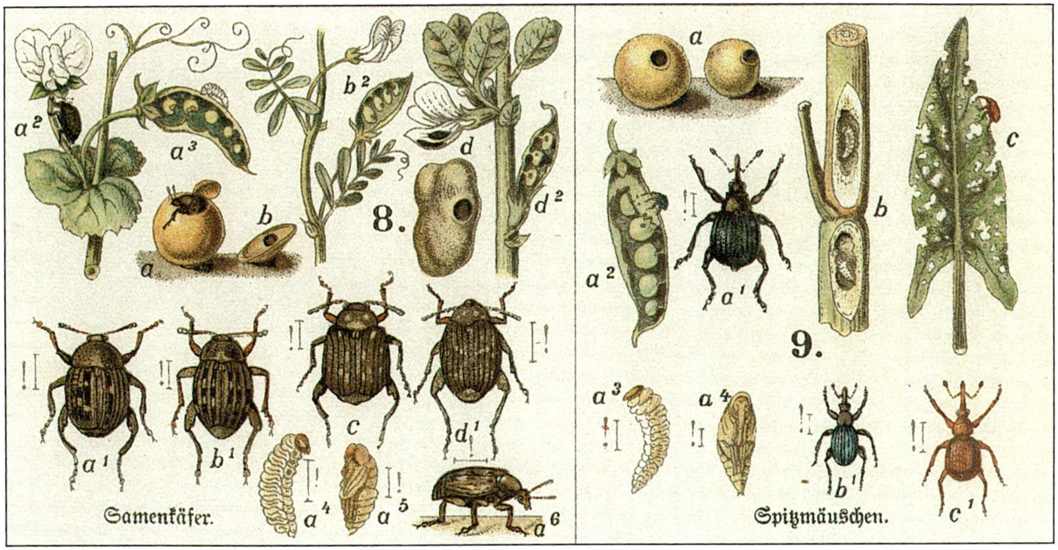

8. **Samenkäfer**
a Erbsenkäfer, ausschlüpfend; a^1, a^2, a^6 Erbsenkäfer; a^3, a^4 Larve; a^5 Puppe; b vom Linsenkäfer befallene Linse; b^1 Linsenkäfer; b^2 Larvenfraß in Linsenschote; c Bohnenkäfer; d befallene Pferdebohne; d^1 Perdebohnenkäfer; d^2 Larvenfraß.

9. **Spitzmäuschen**
a befallene Erbsen; a^1 Käfer; a^2 befallene Erbsenschote; a^3 Larve; a^4 Puppe; b befallener Ampferstengel; b^1 Blaues Ampferspitzmäuschen; c befallenes Ampferblatt; c^1 Rotes Ampferspitzmäuschen.

Rapsglanzkäfer

Der Rapsglanzkäfer ist auf blühenden Kohlarten, Raps und auf wildwachsenden Kreuzblütlern anzutreffen. Andere Arten auf den Blättern der Kamille und Schafgarbe. Bei zu starkem Auftreten mit dem Schmetterlingsnetz abfangen.

Maikäfer

Im Nutz- und Ziergarten können immer wieder Schäden durch Engerlinge auftreten. Engerlinge sind die Larven verschiedener Blatthornkäfer: Maikäfer, Junikäfer, Julikäfer und Gartenlaubkäfer. Die Käfer legen ihre Eier in Häufchen im lockeren Boden ab. Während ihrer bis zu fünf Jahren dauernden Entwicklungszeit fressen die Engerlinge zunächst gesellig humose Stoffe im Boden, zerstreuen sich später und benagen dann auch die Wurzeln von Gemüsepflanzen. Bei starkem Besatz kann ein Großteil der Tiere bei einer sorgfältigen herbstlichen Bodenbearbeitung entfernt werden. Viele natürliche Feinde: Maulwurf, Vögel, parasitierende Fliegen, Pilze.

Junikäfer

Der später als der Maikäfer auftretende Junikäfer ist kleiner, ebenso dessen Engerling, weshalb die Schäden nicht so bedeutend sind wie bei einem der seltenen Massenauftreten des Maikäfers.

Schnellkäfer (Drahtwurm)

Schnellkäfer sind flache Käfer, die sich mit knipsendem Geräusch aus der Rückenlage emporschnellen können. Die gelben und harten Larven werden Drahtwürmer genannt. Sie leben mehrere Jahre in der Erde und richten bei starkem Befall Schäden an den Wurzeln zahlreicher Pflanzen an. Stark gefährdet sind neu auf Wiesenumbruch angelegte Pflanzungen.
Fangpflanze: Salat. Köder: Leicht eingegrabene Kartoffelstücke, die durch Stäbe oder Drahtmarken gekennzeichnet sind. Erde für Anzuchtgefäße und Blumenkästen durchsieben.

Samenkäfer

Meist dunkel gefärbte Käfer mit veränderlichen Haarflecken auf den Flügeldecken. Die Larven entwickeln sich in den reifenden Samen der Hülsenfrüchte. Befallene Samen sind am hellen, durchscheinenden Fleck zu erkennen. Werden befallene Samen im Februar bei 20 bis 25°C gelagert, schlüpfen die Käfer vorzeitig und können abgesiebt werden.

Spitzmäuschen

Ein sehr kleiner Rüsselkäfer, der in zahlreichen Arten auf verschiedenen Pflanzen (Erbsen, Linsen, Bohnen, Möhren, Kopfsalat, Minze, Ampfer) vorkommt. Gelegentliche Schäden sind bedeutungslos.

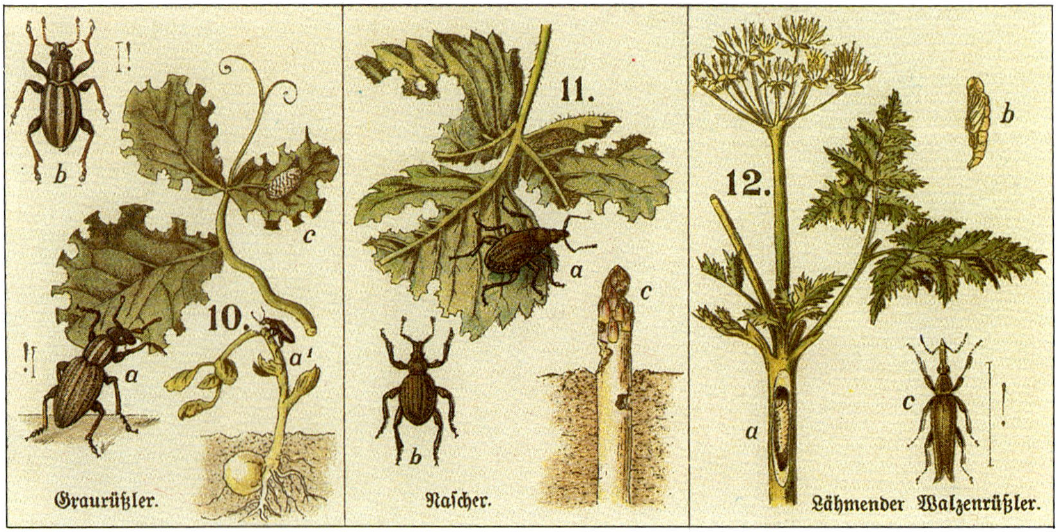

Sitona spec.
Familie
Curculionidae
Rüsselkäfer

Otiorrhynchus spec.
Familie
Curculionidae
Rüsselkäfer

Familie
Curculionidae
Rüsselkäfer

10. **Blattrandkäfer, Graurüßler**
a Käfer; a^1 Käfer an Erbsenkeimling; b gestreifter Blattrandkäfer; c typisches Fraßbild.
11. **Dickmaulrüßler** (Nascher) a Fraßschaden an Erdbeerblatt; b Käfer; c Käferfraß an Spargel.
12. **Walzenrüßler** a Larve im Kerbelstengel; b Puppe; c Käfer.
13. **Erdbeerblütenstecher** a abgestorbene Knospenstiele; b tätiger Käfer; c abgefallene Blütenknospen; d, e Käfer; f Larve; g Puppe.
14. **Mauszahnrüßler** a Larven im Blumenkohlstengel; a^1 Larve; a^2, b, c verschiedene Käferarten.
15. **Kohlgallenrüßler** (Verborgenrüßler) a Gallenbildung mit Larven; a^1 Larve; a^2, a^3 Käfer; a^4 Käfer bei der Eiablage; b Gallen an Radieschen.

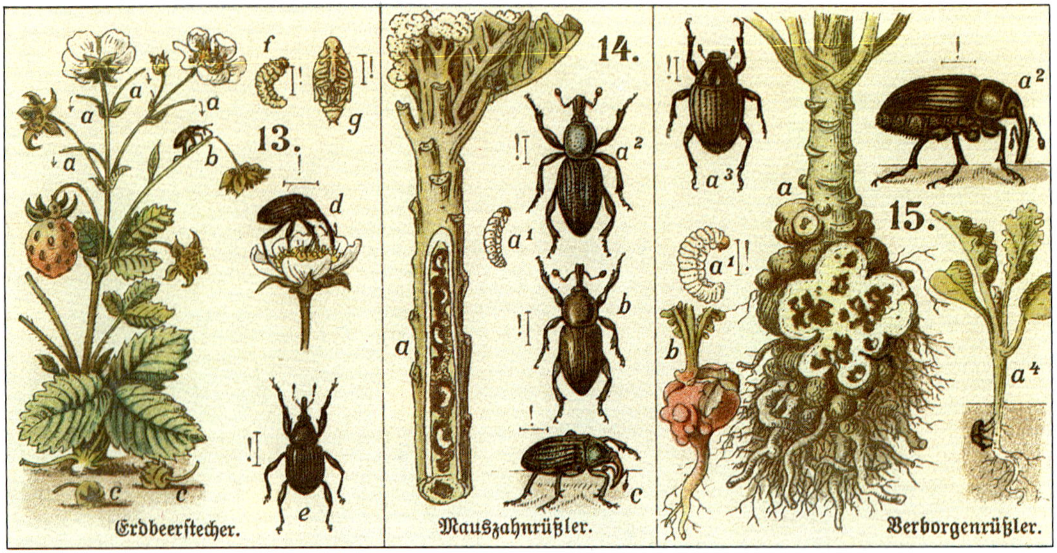

Anthonomus rubi
Familie
Curculionidae
Rüsselkäfer

Baris spec.
Familie
Curculionidae
Rüsselkäfer

Ceutorrhynchus pleurostigma
Familie
Curculionidae
Rüsselkäfer

Familie
Cerambycidae
Bockkäfer

Familie
Chrysomelidae
Blattkäfer

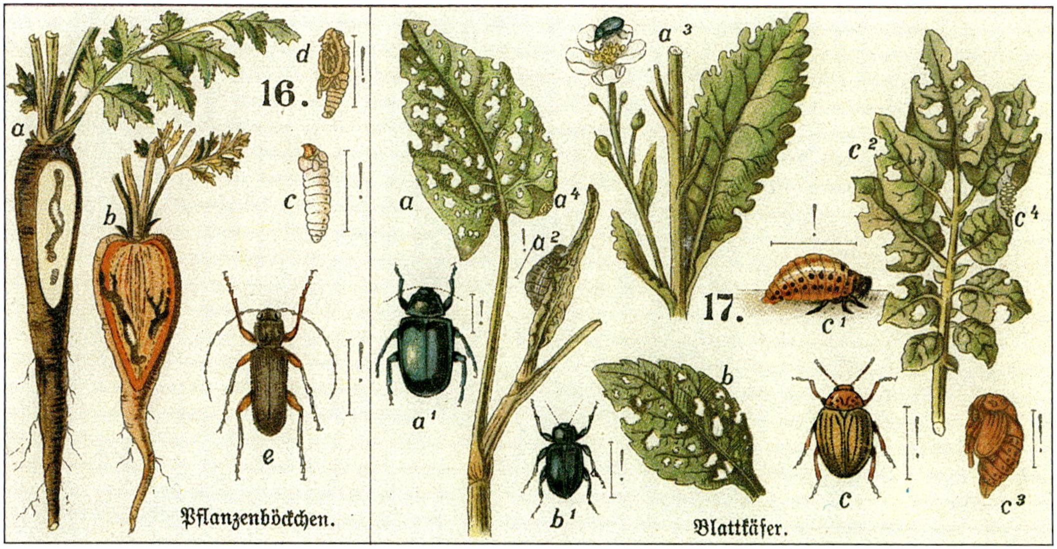

16. **Pflanzenböckchen**
a Larvenfraß in Pastinakwurzel; b Larvenfraß in Möhre; c Larven; d Puppe; e Käfer.
17. **Blattkäfer**
a Rettichblattkäfer am Ampferblatt; a^1, a^3 Käfer; a^2 Larve; a^4 Eiablage; b Minzenblattkäfer am Minzenblatt; b^1 Käfer; c Kartoffelkäfer; c^1 Larve; c^2 befressenes Kartoffelblatt; c^3 Puppe; c^4 Eiablage.

Blattrandkäfer, Graurüßler Vor allem in einem trockenen Frühjahr können die Käfer an den Blättern und Trieben von Erbsen, Bohnen und Wicken einen gewissen Schaden anrichten. Man liest sie am besten ab. Dies wird erleichtert durch das Auslegen künstlicher Verstecke (Lappen, Holzwolle).

Dickmaulrüßler (Nascher) häufiger Schädling
Er ist ein gefährlicher Schädling in Pflanzkübeln und Blumenkästen, wo seine Larven die Pflanzenwurzeln schädigen. Der Käfer ist nicht leicht aufzuspüren, da er nur nachts aus seinem Versteck kommt und die Blattränder durch den halbkreisförmigen Fraß (Buchtenfraß) verunstaltet. Bekämpfung mit nützlichen Fadenwürmern (Nematoden), die die Larven und Puppen des Dickmaulrüßlers parasitieren.

Walzenrüßler Nur in feuchten Gartenteilen, meist in der Nähe von Gewässern, gelegentliches Auftreten an Kerbel.

Erdbeerblütenstecher häufiger Schädling
Der überwinterte Käfer sticht die noch geschlossenen Blütenknospen von Erdbeeren, Himbeeren, Brombeeren und Rosen an, belegt sie mit einem Ei und beißt dann den Blütenstiel durch, so daß die Knospe bald abfällt. Der Schaden ist selten groß und es genügt, die abgeknickten Blüten abzusammeln, bevor sich die Larve entwickelt. Der Ausdünnungseffekt wirkt sich oft günstig auf die Fruchtqualität aus.

Mauszahnrüßler Nicht allzu häufig an Kohl und Gartenkresse. Eiablage im Frühjahr in die Blattachseln. Larven bohren im Stengel. Kohlstrünke im Herbst vernichten, da die Käfer hier überwintern.

Kohlgallenrüßler (Verborgenrüßler) Die Eiablage erfolgt am Stengelgrund. Um die fressende Larve bildet sich eine erbsengroße Galle. Leicht mit Kohlhernie zu verwechseln (Schnittprobe!). Schaden meist gering. Keine befallenen Setzlinge pflanzen. Kohlstrünke im Herbst vernichten.

Pflanzenböckchen Ein Kennzeichen der Bockkäfer sind die langen, dünnen Fühler. Sie sind in der Hauptsache Bewohner der Nadel- und Blattgehölze. Nur das Pflanzenböckchen kommt gelegentlich an Möhren und Pastinak vor. Der Schaden ist meist gering. Man entfernt am besten die befallenen Pflanzen.

Blattkäfer Kartoffelkäfer häufig schwerer Schädling
Die oft metallisch gefärbten Käfer legen die Eier an die Nahrungspflanze, meist an der Blattunterseite ab. Die Larven sind plump, oft mit dem eigenen Kot bedeckt. Sowohl Käfer als auch Larven fressen vor allem an den Blättern und richten dabei auch größere Schäden an. Während Rettichblattkäfer und Minzenblattkäfer wenig bedeutend sind, müssen Käfer, Eigelege und Larven des Kartoffelkäfers rechtzeitig abgelesen werden.

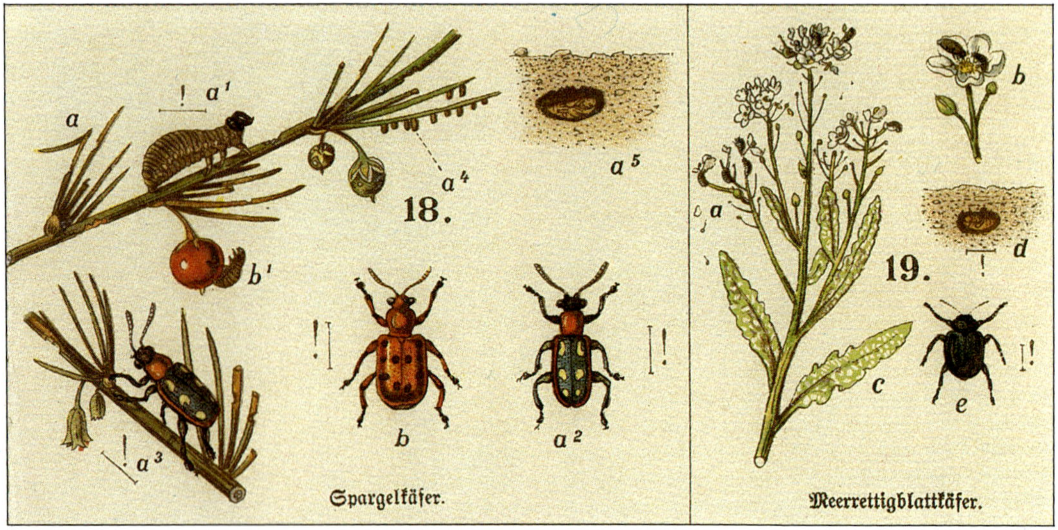

Crioceris spec.
Familie
Chrysomelidae
Blattkäfer

Phaedon cochlearidae
Familie
Chrysomelidae
Blattkäfer

18. **Spargelkäfer, Spargelhähnchen** a Fraß am Spargelkraut; a^1 Larve; a^2, a^3 Schwarzbunter Spargelkäfer; a^4 Eier; a^5 Puppe in der Erde; b Spargelhähnchen; b^1 Larve.
19. **Meerrettichblattkäfer** a, b Larven auf blühendem Meerrettich; c zerfressene Blätter; d Puppe in der Erde; e Käfer.
20. **Erdflöhe** a Schaden an junger Kohlpflanze; a^1, b^2, c^1, d, e, f, g^1 verschiedene Käferarten, b Larvenminen im Kohlblatt; b^1 Larve; b^3 Eiablage; c Larve im Rettichstengel; g Larve im Stengel von Brunnenkresse.
21. **Schildkäfer** a befressenes Mangoldblatt; a^1 Larve; a^2 Puppe; a^3 Nebliger Schildkäfer; b befressenes Melissenblatt; b^1 Larve mit Larvenhaut auf der Schwanzgabel; b^2 Puppe; b^3 Grüner Schildkäfer; c, d weitere Käferarten.

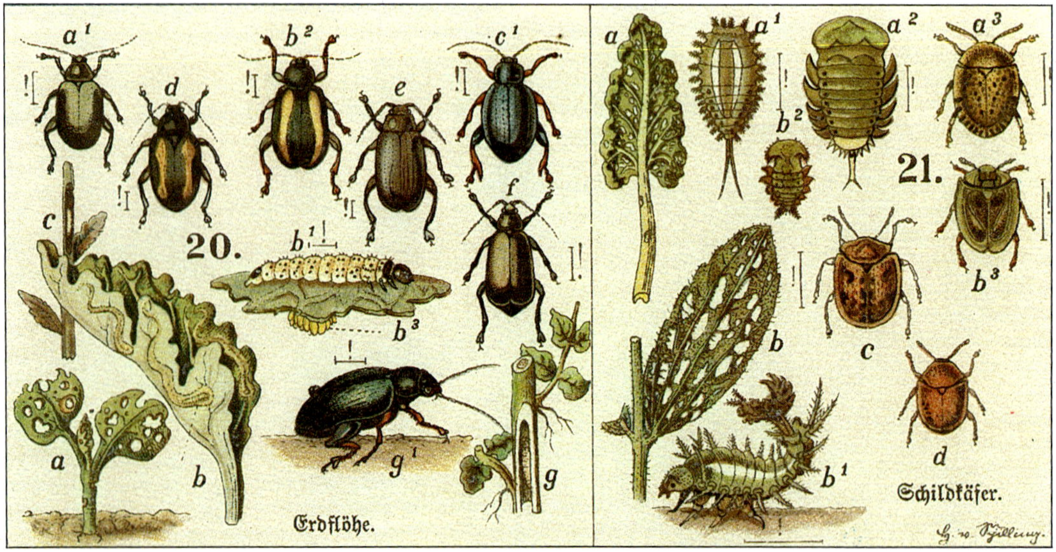

Phyllotreta spec.
Familie
Chrysomelidae
Blattkäfer

Cassida spec.
Familie
Chrysomelidae
Blattkäfer

Lasius niger
Überfamilie
Formicoidea

Blennocampa geniculata
Familie
Tenthredinidae
Blattwespen

Athalia rosea
Familie
Tenthredinidae
Blattwespen

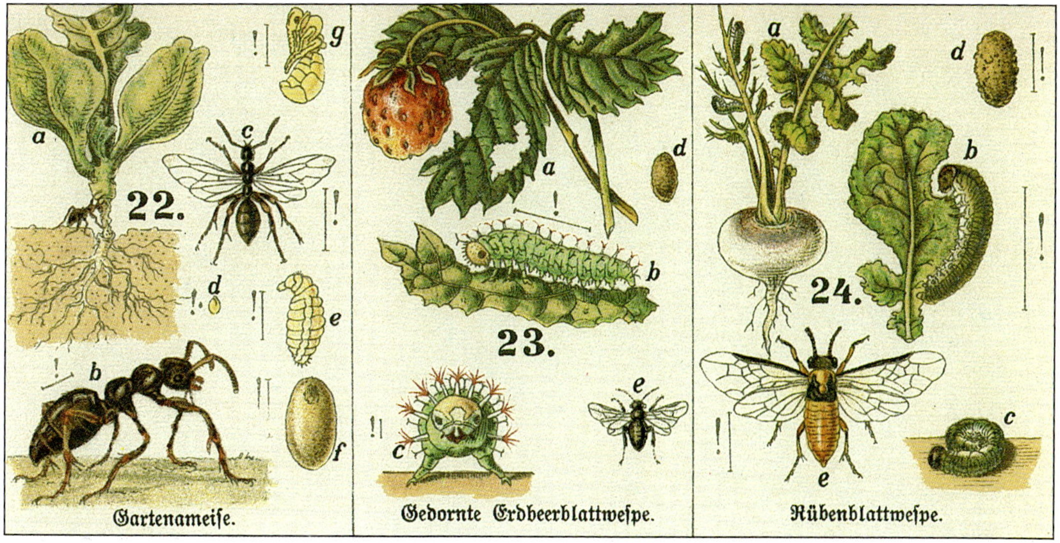

22. **Gartenameise**
a Fraßschaden an Kohlpflanze; b Arbeiterin; c geflügeltes Weibchen; d Ei; e Larve; f Puppenhülle (Ameisenei); g Puppe.
23. **Erdbeerblattwespe**
a Larvenfraß an Erdbeerblättern; b Larve; c Larve von vorne; d Puppenkokon; e Blattwespe.
24. **Rübenblattwespe**
a, b Larvenfraß an Blättern; c zusammengerollte Larve; d Puppenkokon; e Blattwespe.

Spargelkäfer, Spargelhähnchen Zwei Arten treten vor allem bei trockenem, warmen Wetter oft in Massen auf und fressen mit ihren Larven am Spargelkraut. Die Käfer überwintern vor allem im Mark des abgeschnittenen Spargelkrautes. Den Hauptschaden richten die Larven an, die zur Verpuppung in die Erde gehen. Die Käfer lassen sich leicht in einen Behälter abklopfen. Das verdorrte Spargelkraut sollte im Herbst tief abgeschnitten und vernichtet werden. Keine vorzeitigen Triebe dulden.

Meerrettichblattkäfer Der Käfer kommt Anfang Mai aus seinem Winterlager. Es folgt ein Lochfraß an den jungen Blättern. Die Eiablage erfolgt meist am Blattgrund. Der Skelettierfraß der Raupen dauert 2–3 Wochen. Der Käfer hat mehrere Generationen im Jahr. Er geht auch an wildwachsende Kreuzblütler, Kohl, Kresse und Senf. Ein größerer Schaden entsteht im Hausgarten kaum.

Erdflöhe häufige Schädlinge
Erdflöhe sind eine Unterfamilie der Blattkäfer mit starken Hinterschenkeln, die zu schnellen und weiten Sprüngen befähigen. Die Larven minieren meist in den Blättern, aber auch in Wurzeln und Stengeln. Unangenehm kann die Fraßtätigkeit der überwinternden Käfer an Sämlingen werden. Da Erdflöhe Wärme und Trockenheit lieben, die Saatbeete stets gut feucht halten und viel hacken.

Schildkäfer Die breiten, abgeflachten Flügeldecken und der Halsschild bedecken Kopf und Körper des kleinen Käfers fast vollständig und verleihen ihm ein schildkrötenähnliches Aussehen. Die grünen Larven haben Seitendornen und eine Schwanzgabel, die meist mit der letzten Larvenhaut über den Körper gekrümmt ist. Der Neblige Schildkäfer kommt vorwiegend auf Melden vor, selten auf Rüben, Mangold oder Kohl. Andere Schildkäfer bisweilen auf Minze, Schafgarbe, Wermut und Salbei.

Gartenameise Gartenameisen können (im Gegensatz zu fast allen anderen Ameisenarten) im Garten lästig werden, da sie durch ihre Bauten die Pflanzen unterminieren, gelegentlich auch junge Pflanzen und deren Wurzeln anfressen. Eine Vorliebe haben sie für die Honigtauausscheidungen von Blattläusen, die sie auch gegen ihre natürlichen Gegenspieler verteidigen.
Ködermittel: Mit Honig gemischte Frischhefe. Umgestülpte Blumentöpfe auf Ameisenstraßen verlocken im Frühjahr zum Nestbau, das dann entfernt werden kann.

Erdbeerblattwespe Blattwespen haben raupenähnliche Larven. Nur wenige Arten schädigen an Gemüse und Erdbeeren. Fraßschaden an Erdbeerblättern im Mai und Juni meist gering.

Rübenblattwespe Gelegentlich geringe Fraßschäden bei Meerrettich, Kohl und Rüben.

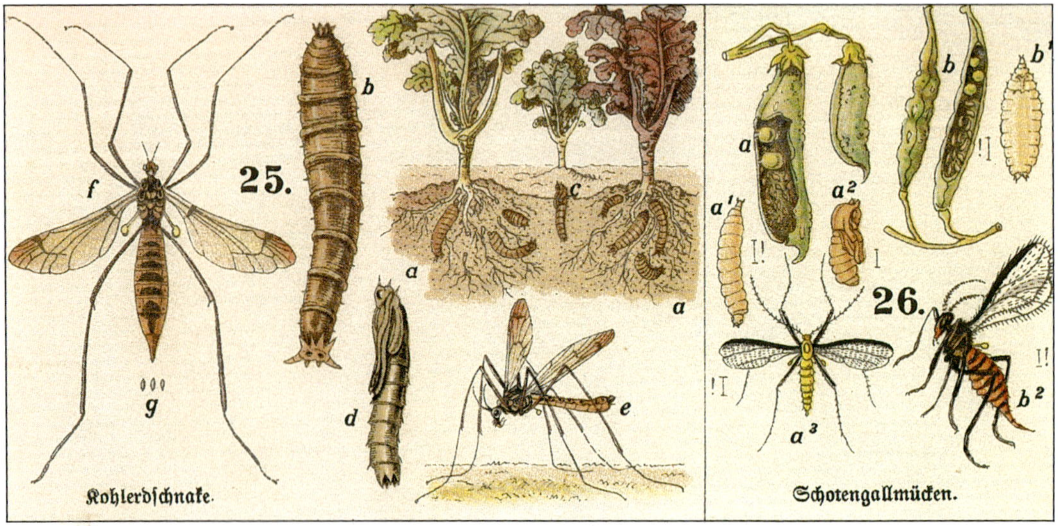

Tipula spec.
Familie
Tipulidae
Wiesenschnaken

Dasyneura brassicae
Familie
Itonididae
Gallmücken

25. **Kohlschnake, Wiesenschnake**
a, b Larven; c, d Puppen; e Männchen; f Weibchen; g Eier.
26. **Schotengallmücken**
a befallene Erbsenschoten; a^1 Larve; a^2 Puppe; a^3 Erbsengallmücke; e befallene Kohlschoten; b^1 Larve; b^2 Kohlschotengallmücke.
27. **Trauermücke**
a Larvenfraßgänge in Kartoffelknolle; b Larven; c Trauermücke.
28. **Haarmücken**
a Larven; a^1 Puppe; a^2 weibl. Gartenhaarmücke; b Larve; b^1 weibl. Märzenfliege; b^2 männl. Märzenfliege.

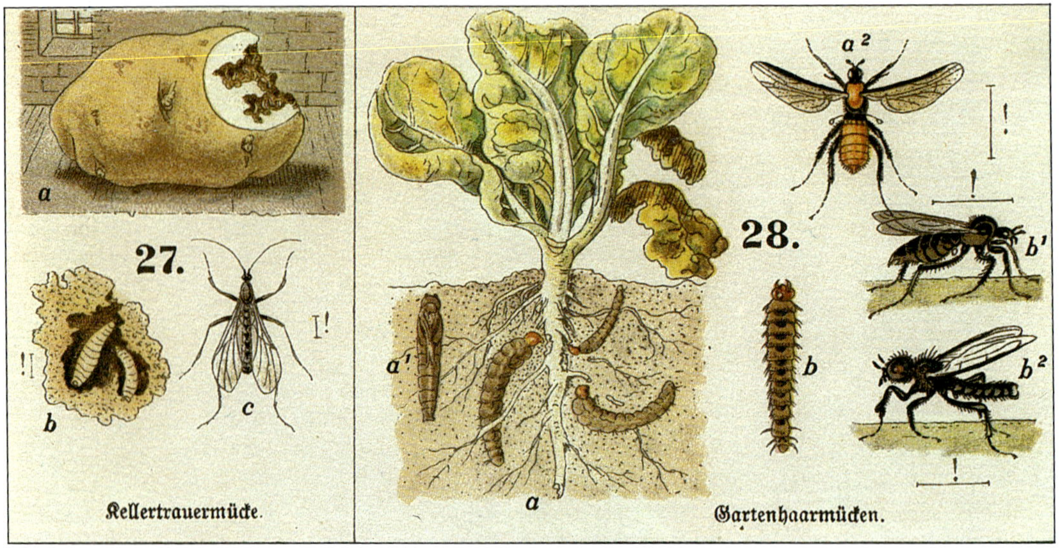

Familie
Lycoriidae
Trauermücken

Bibio spec.
Familie
Bibionidae
Haarmücken

Ocyptera brassicaria

Phorbia spec.
Familie
Anthomyiidae
Blumenfliegen

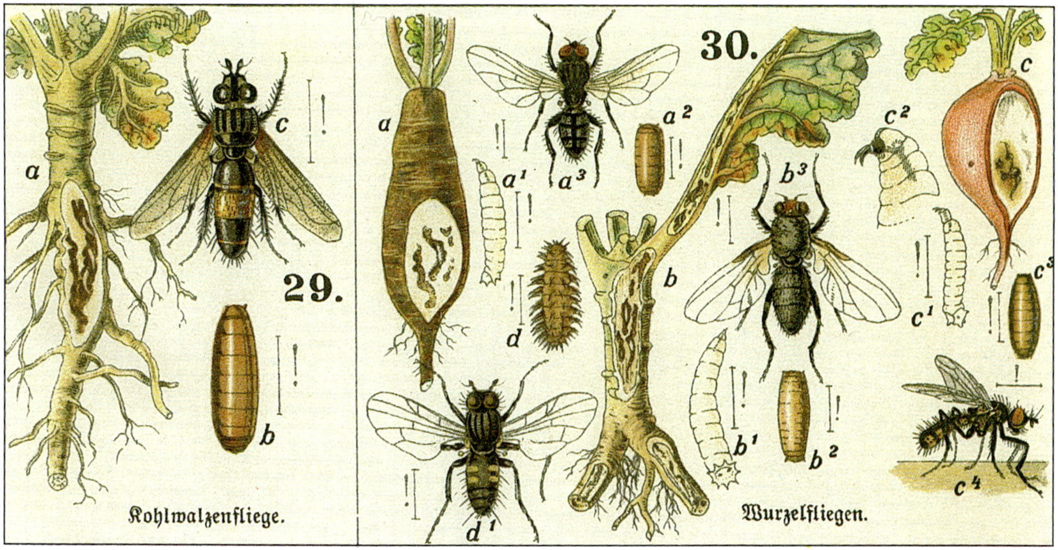

29. **Kohlwalzenfliege**
a Maden in Kohlwurzel; b Puppe; c Fliege.
30. **Wurzelfliegen, Gemüsefliegen**
a Madengänge im Rettich; a^1 Made; a^2 Puppe; a^3 Wurzelfliege; b Maden im Kohlstengel; b^1 Made; b^2 Puppe; b^3 Kohlfliege; c Madengänge im Radieschen; c^1 Made; c^2 Nagehaken der Made; c^3 Puppe; c^4 Rettichfliegen.

Kohlschnake, Wiesenschnake häufiger Schädling

Schäden durch „Tipula"-Larven oft flächig, vor allem im Rasen. Kennzeichnend für die beinlose Larve sind die Fleischzapfen am Körperende. Fraßtätigkeit tagsüber an den Wurzeln, nachts am Wurzelhals von Kohl-, Gras- und Kleesaaten. Schäden unterschiedlich groß. Gemüseanbau auf Wiesenumbruch ist stets problematisch.
Ködermittel bei starkem Befall: 200 g Kleie, 20 g Zucker, 20 g Pyrethrum; gut anfeuchten. Natürliche Feinde: Spitzmaus, Igel.

Schotengallmücken

Larven saugen manchmal zu Hunderten an unreifen Schoten verschiedener Kohlarten und am Raps. Im Hausgarten unbedeutend.

Trauermücke

Kleine glasige Larven mit schwarzem Kopf, vor allem auf humosen Böden vorkommend. Massenauftreten manchmal in Frühbeeten und im Gewächshaus. Schäden durch Wurzelfraß an Keimlingen. Bekämpfung der Fliegen im Gewächshaus und im Keller durch Fliegenfänger. Aussaatschalen mit feinem weißen Sand absieben.

Haarmücken

Plumpe Fliegen, die im Frühjahr oft in Massen schwärmen. Larven mit hornigem, deutlich abgesetztem Kopf mit starken Beißwerkzeugen. Raupenähnlich, kräftig geringelt, jedoch beinlos. Häufig in stallmistgedüngten Böden. Larven ernähren sich von abgestorbener organischer Substanz, bei Massenauftreten von Pflanzenwurzeln. Stets dicht an der Bodenoberfläche. Ködermittel: Kartoffelscheiben.

Kohlwalzenfliege

Wo Wurzelfliegenlarven ihre Fraßgänge angelegt haben, kommen manchmal auch die Maden der Kohlwalzenfliegen vor. Sie leben von abgestorbenem Gewebe, sind also keine direkten Schädlinge.

Wurzelfliegen, Gemüsefliegen häufige Schädlinge

Die Fliege ist unscheinbar und klein. Die Maden fressen an den Wurzeln und bohren Gänge in unterirdische Pflanzenteile. Starke Schäden können Kohlfliege und Rettichfliege, Bohnenfliege und Zwiebelfliege anrichten. Eine Abdeckung des Beetes sofort nach der Saat oder Pflanzung mit einem Kulturschutznetz (Gemüsefliegennetz) oder Vlies, das für Fliegen verschiedener Größen unpassierbar ist, verhindert den Zuflug der Schädlinge und damit die Eiablage an den Pflanzen. Frische organische Dünger vermeiden.

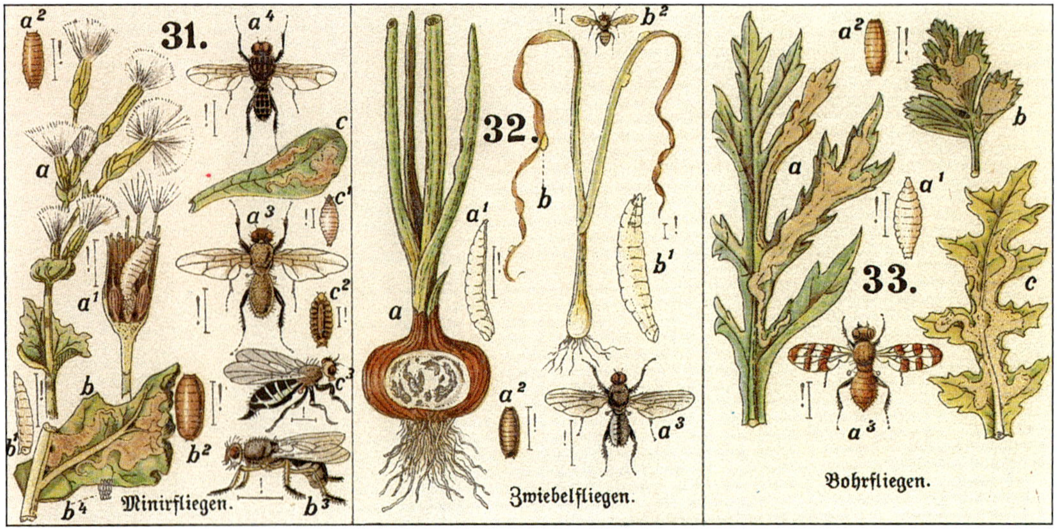

31. **Minierfliegen** a Samenstand von Kopfsalat mit Maden; a^1 Made; a^2 Puppe; a^3 weibliche Lattichfliege; a^4 männliche Lattichfliege; b Mangoldblatt mit Fraßgängen; b^1 Made; b^2 Puppe; b^3 Runkelfliege; c Fraßgänge im Feldsalat; c^1 Made; c^2 Puppe; c^3 Erbsenminierfliege.

32. **Zwiebelfliegen** a Maden-Fraßgänge in Speisezwiebel; a^1 Made; a^2 Puppe; a^3 Zwiebelfliege; b vergilbte Zwiebelpflanze mit Eihäutchen; b^1 Made; b^2 Zwiebeltaufliege.

33. **Bohrfliegen** a Fraßminen im Beifußblatt; a^1 Made; a^2 Puppe; a^3 Wermutbohrfliege; b Fraßminen der Selleriebohrfliege; c Fraßminen der Löwenzahnbohrfliege.

34. **Spargelfliege** a Madenfraßgänge im Spargelstengel; a^1 Made; a^2 Puppe; a^3 Spargelfliege; a^4 Fliege bei der Eiablage; b Madenfraßgänge; b^1 Made; b^2 Puppe; b^3 Spargelminierfliege.

35. **Selleriefliege** a Madenfraßgänge; a^1, a^2 Maden; a^3 Puppe; a^4 Fliege.

Familie
Agromycidae
Minierfliegen

Phorbia antiqua
Familie
Anthomyiidae
Blumenfliegen

Familie
Agromycidae
Minierfliegen

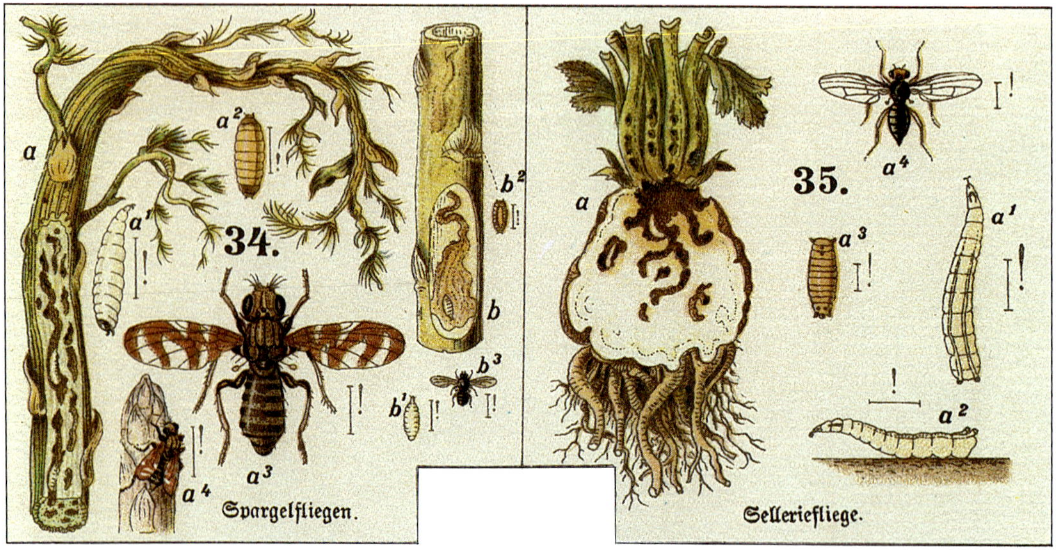

Platyparea poeciloptera
Familie
Trypitidae
Bohr- und Fruchtfliegen

Pilophylla heraclei
Familie
Trypitidae
Bohr- und Fruchtfliegen

Psila rosea
Familie
Psilidae
Nacktfliegen

Papilio machaon
Familie
Papilionidae
Ritterfalter

36. **Möhrenfliege**
a Madengänge; b Made; c Puppe; d Fliege.
37. **Schwalbenschwanz**
a Raupe; b Puppe; c Falter.

Minierfliegen

Die Maden schädigen die oberirdischen Pflanzenteile, vor allem Samen und Blätter. Dazu Bohrtätigkeit in saftigen Stengeln. Schäden meist geringer als bei Wurzelfliegen. Die Namengebung erfolgt nach der Hauptnahrungspflanze: Lattichfliege, Rübenfliege, Spinatfliege, Zwiebelminierfliege, Möhrenminierfliege.

Zwiebelfliege häufiger Schädling

Eiablage an Blättern der Zwiebeln und des Lauchs. Maden entwickeln sich im Innern der Pflanzen, die dann meist auch von Pilzen befallen werden und faulen. Späte Aussaaten oder Pflanzungen bleiben weitgehend verschont. Mischkultur mit Gelben Rüben empfehlenswert. Beet abdecken mit einem Kulturschutznetz.

Bohrfliegen

Miniergänge in Blättern, meist ohne großen Schaden. Fliegen auffallend gefärbt. Wermutbohrfliege an Beifußarten, Selleriebohrfliege an Sellerie und Pastinak, Zichorienbohrfliege an Chicorée.

Spargelfliege

Manchmal gefährlich werdende Schädlinge, vor allem in jungen Anlagen. Bohrgänge im Mark der Stengel. Die Triebe verkrüppeln. Befallene Triebe möglichst tief, 5–10 cm unter der Oberfläche, abschneiden und vernichten. Stechzeit über Mitte Juni hinaus ausdehnen.

Selleriefliege

Befall vor allem bei trockener Witterung. Minierfraß der Maden in den Blättern, später auch in der Knolle. Schaden meist gering.

Möhrenfliege häufiger Schädling

Fliege und Made sind sehr feuchtigkeitsliebend. Die Eiablage erfolgt vor allem abends. Durch die Fraßtätigkeit der Larven mit gelbbraunem Kot verschmutzte Fraßgänge (Eisenmadigkeit). Als Folgen des Befalls faulen die Rüben bei feuchtem Boden und welken bei Trockenheit. Sehr frühe und sehr späte Aussaaten sind weniger gefährdet. Sichere Abwehr der Fliegen durch Abdecken der Pflanzen mit einem Kulturschutznetz.

Schwalbenschwanz geschützt

Raupen gelegentlich an Möhren, Sellerie, Dill, Kümmel, Fenchel und anderen Doldenblütlern. Schaden sehr gering. Selten, steht unter Naturschutz.

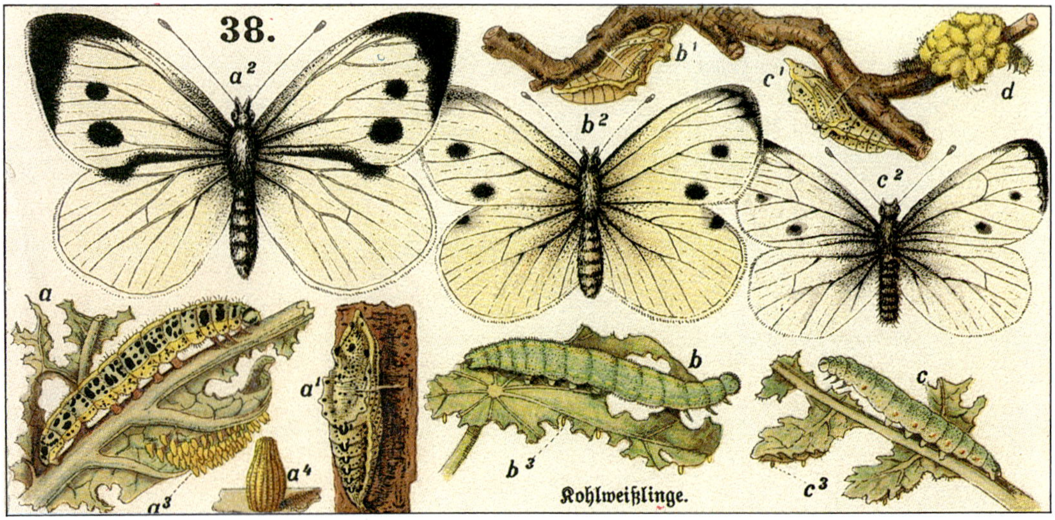

Pieris brassicae
P. rapae
Familie
Pieridae
Weißlinge

38. **Kohlweißlinge**
a Raupe; a^1 Puppe; a^2 Großer Kohlweißling; a^3, a^4 Eier; b Raupe; b^1 Puppe; b^2 Kleiner Kohlweißling; b^3 Eier; d Raupe; c^1 Puppe; c^2 Rapsweißling; c^3 Eier; d Puppenkokon der Kohlweißlings-Schlupfwespe.
39. **Totenkopf**
a erwachsene Raupe; b Falter.
40. **Hopfenwurzelspinner**
a Raupe in Wurzel von Kopfsalat; b Puppe im Gespinst; c Falter.

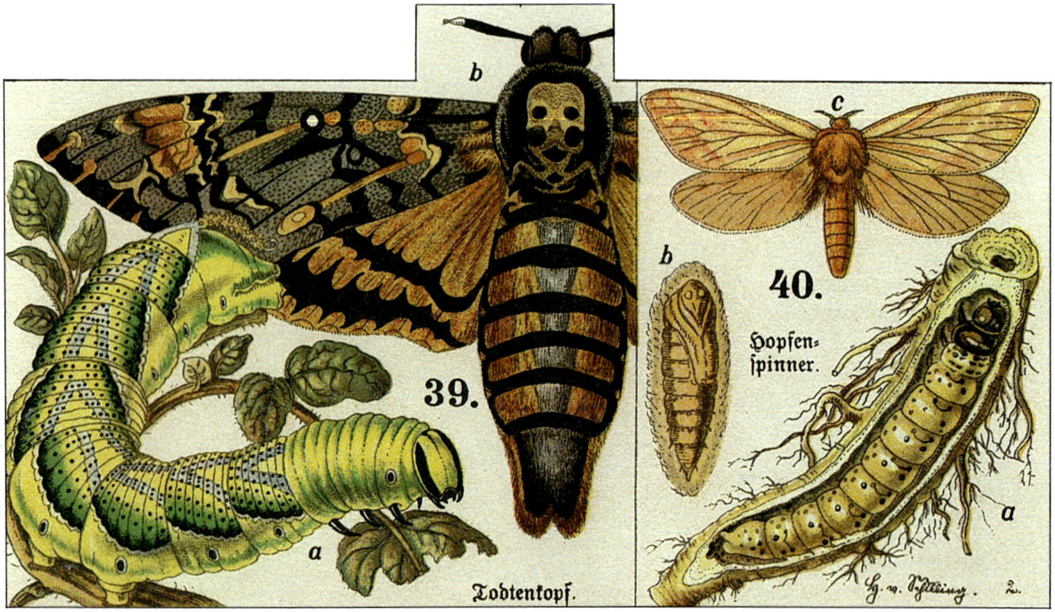

Acherontia atropos
Familie
Sphingidae
Schwärmer

Hepialis humuli
Familie
Hepialidae
Wurzelspinner

Familie
Zygaenidae
Widderchen, Blutströpfchen

Familie
Actiidae
Bärenspinner

41. **Widderchen, Blutströpfchen**
a Raupe; a^1 Purpurwidderchen; b Raupe; b^1 Haarstrang-Widderchen; b^2 Eier; c Raupe; c^1 Puppe; c^2 Skabiosen-Widderchen; e Puppenkokon vom Skabiosen-Widderchen.
42. **Minzenbär**
a Raupe; b Puppengespinst; b^1 Puppe; c, c^1 Falter; d Eier.

Kohlweißlinge häufige Schädlinge

Die letzte der jährlich 2–3 Generationen kann für die Kohlpflanzen gefährlich werden. Auch an Rettich, Radieschen, Kapuzinerkresse und Levkoje anzutreffen. Eigelege und Raupen rechtzeitig absammeln. Kohlweißlingsraupen werden von Raubkäfern und Schlupfwespen parasitiert. Sie zeigen dann merkwürdiges Verhalten und sollten geschont werden, damit die Nützlinge sich entwickeln können. Das Auflegen eines Kulturschutznetzes verhindert den Zuflug und die Eiablage der Kohlweißlinge.

Totenkopf geschützt

Raupen zuweilen auf Kartoffelkraut, selten auf Möhrenkraut. Die großen schwarzbraunen Puppen werden gelegentlich im Boden bei der Kartoffelernte gefunden. Schaden gering. Selten, steht unter Naturschutz.

Hopfenwurzelspinner

Raupe bohrt von Juli ab in den Wurzeln von Hopfen, Möhren, Kopfsalat, Löwenzahn, Ampfer und Kartoffeln. Schaden sehr gering. Auftreten selten.

Widderchen, Blutströpfchen

Gelegentliches Auftreten an Gewürzen und Heilpflanzen, sonst an Klee, Feldwicken und anderen Schmetterlingsblütlern.

Minzenbär

An Minzenarten, bei Massenauftreten auch an Kohl, Bohnen, Gurken, Zwiebeln und Erdbeeren. Gelegenheitsschädling, dessen Raupen bei zu starkem Auftreten abgelesen werden können.

Familie
Actiidae
Bärenspinner

43. **Bärenspinner**
a Raupe; a[1] Brauner Bär; a[2] Eier; b Raupe; b[1] Puppe; b[2] Schwarzer Bär; c Raupe; c[1] Bindenbär.
44. **Ampfereule, Meldeneule**
a Raupe; a[1] Puppengespinst; a[2] Ampfereule; b Raupe; b[1] Puppe; b[2] Meldeneule.
45. **Dianaeulen**
a Raupe; a[1] Puppe; a[2] Gotische Eule; b Raupe; b[1] Dianaeulen-Art; c Raupe; c[1] Dianaeulen-Art.

Familie
Noctuidae
Eulen

Familie
Noctuidae
Eulen

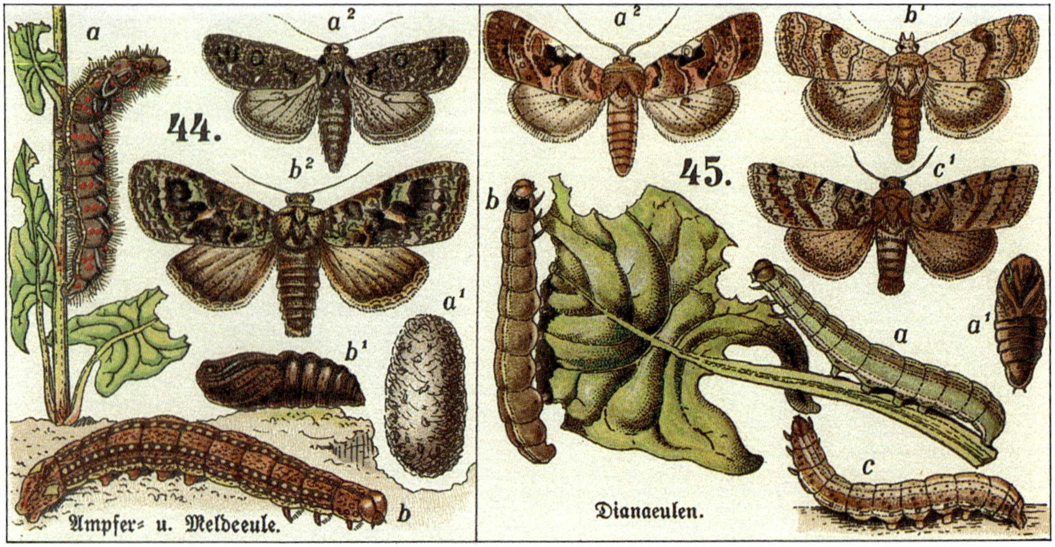

Noctua pronuba
Familie
Noctuidae
Eulen

Agrotis segetum
Familie
Noctuidae
Eulen

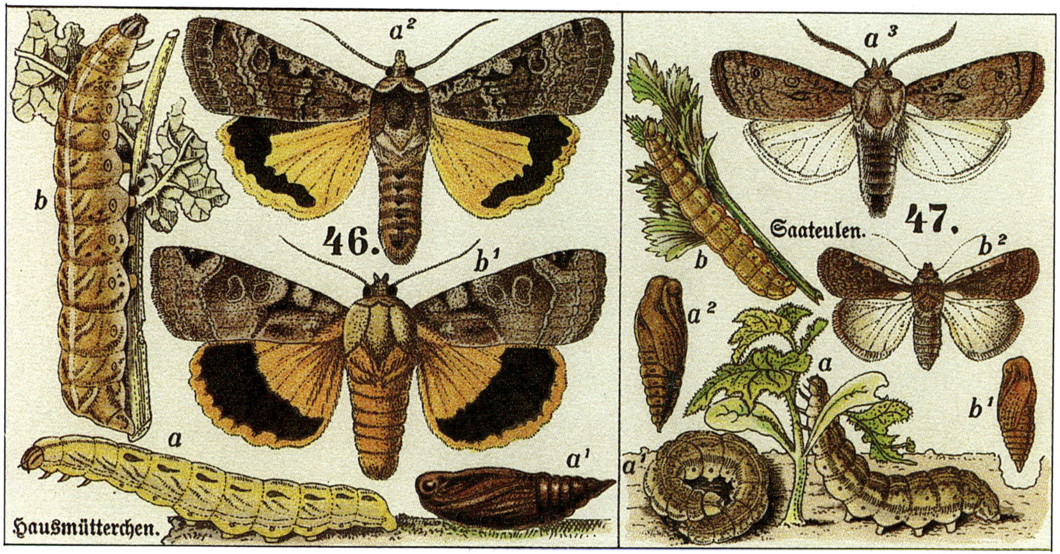

46. **Hausmütterchen, Bandeule**
a Raupe; a[1] Puppe; a[2] Bandeulen-Art; b Raupe; b[1] Bandeulen-Art.
47. **Saateule, Erdeule**
a, a[1] Raupe; a[2] Puppe; a[3] Wintersaateule; b Raupe; b[1] Puppe; b[2] Erdeule.

Bärenspinner geschützt

Raupen fressen an verschiedenen niedrigwüchsigen Pflanzen und gehen bisweilen auf Kulturpflanzen wie Kopfsalat, Spinat, Erdbeere und Schafgarbe über. Bei jeder Störung rollen sich die Raupen zusammen. Die Haare rufen bei empfindlichen Menschen Allergien hervor. Selten, steht unter Naturschutz.

Ampfereule, Meldeneule häufige Schädlinge

Viele Eulenraupen sind häufig auftretende Schädlinge. Eulenraupen gehören im Garten zu den schädlichsten Schmetterlingsraupen. Sie fressen vorwiegend in der Nacht und verstekken sich tagsüber in der Erde, manchmal zwischen Blättern. Die einzelne Raupe kann schon merklichen Schaden anrichten. Es lohnt sich, sie aufzuspüren und zu vernichten. Raupen der Ampfereule sind häufig an Kohlpflanzen anzutreffen. Gegenmaßnahme: Intensive Bodenbearbeitung.

Dianaeulen

Raupen meist auf Ampfer und Löwenzahn, aber auch auf Gemüse und Heilkräutern.

Hausmütterchen, Bandeule

Vorwiegend im Frühbeet und im Kleingewächshaus anzutreffen. Im Freien an Spinat, Kohl, Möhren und Kartoffeln.

Saateule, Erdeule

Die häufigsten und schädlichsten Eulen. Massenauftreten besonders nach nassem Herbst und Frühjahr. Anzutreffen an Kopfsalat, Kohl, Spinat, Gurken, Kartoffeln, Rüben.

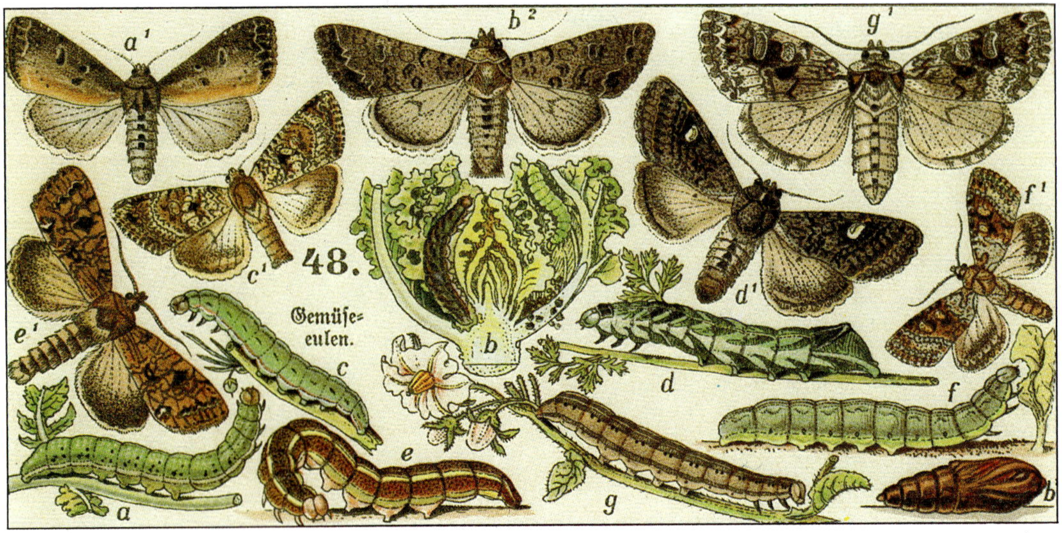

Mamestra spec.
Familie
Noctuidae
Eulen

48. **Gemüseeulen**
a Raupe; a^1 Gemüseeule; b Raupe; b^1 Puppe; b^2 Kohleule; c Raupe; c^1 Klee-Eule; d Raupe; d^1 Flohkrauteule; e Raupe; e^1 Erbseneule; f Raupe; f^1 Salateule; g Raupe; g^1 Weißgraue Garteneule.

49. **Ausrufezeichen**
a Raupe; b Puppe; c Falter.
50. **Graueulen**
a Raupe; a^1 Puppengespinst; a^2 Graueulen-Art; b Raupe; b^1 Puppengespinst; b^2 Graueulen-Art.

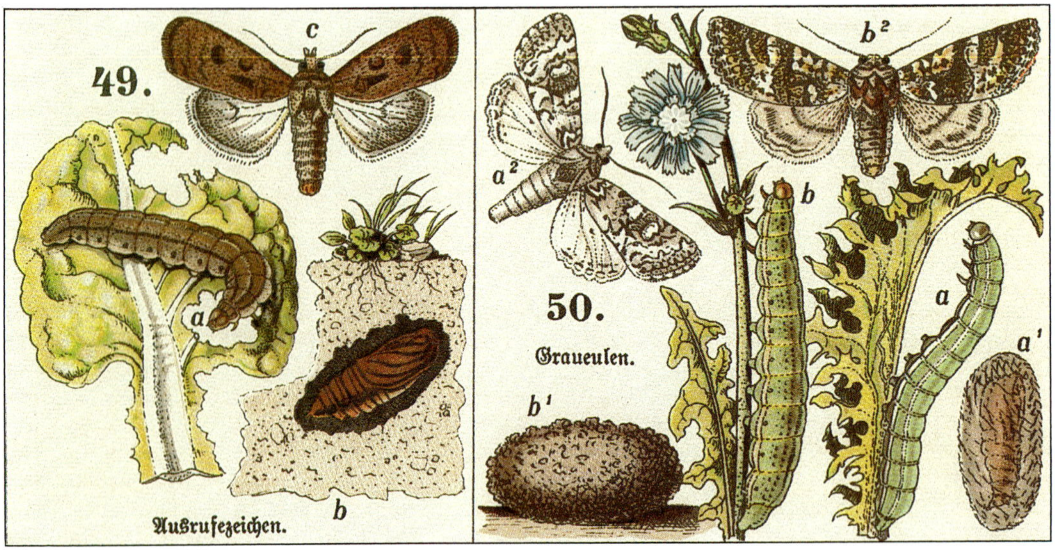

Scotia exclamationis
Familie
Noctuidae
Eulen

Familie
Noctuidae
Eulen

Phlogophora meticulosa
Familie
Noctuidae
Eulen

Panthea coenobita
Cucullia verbasci
Familie
Noctuidae
Eulen

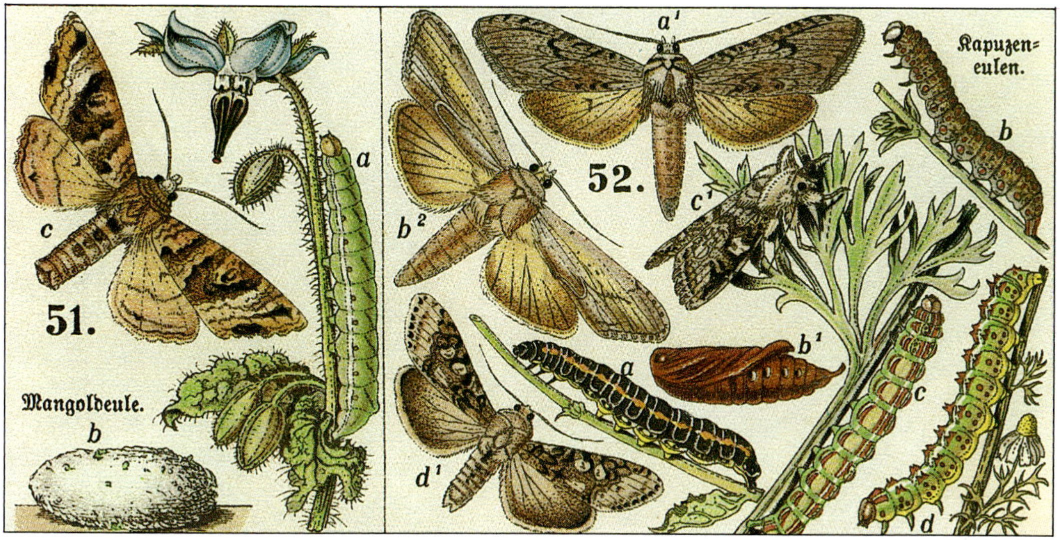

51. **Mangoldeule, Achateule**
a Raupe; b Puppengespinst; c Achateule.
52. **Kapuzeneulen, Mönchseulen**
a Raupe; a[1] Salat-Mönchseule; b Raupe; b[1] Puppe; b[2] Graue Mönchseule; c Raupe; c[1] Wermut-Mönchseule; d Raupe; d[1] Silber-Mönchseule.

Gemüseeulen

Die Raupen sind sehr veränderlich. Junge Raupen unterscheiden sich von älteren. Nicht so sehr an die Erde gebunden. Tagsüber häufig zwischen Blättern und Blattachseln der Kohl- und Salatköpfe. Vorkommen auch an Spinat, Mangold, Spargel, Erbse und Bohne.

Ausrufezeichen

Die Erdraupen des Ausrufezeichens fressen vorwiegend am späten Kopfsalat.

Graueulen

Vorkommen an Kopfsalat, Akelei, Zichorie und Beifuß.

Mangoldeule, Achateule

Raupen zuweilen an Boretsch, Mangold, Ampferarten und Kohl.

Kapuzeneulen, Mönchseulen

Falter mit zu einem Schopf ausgezogenen Halskragen. Schäden weniger groß. Raupen im Hochsommer an Kopfsalat, Zichorie, Löwenzahn (Salat-Mönchseule), Wermut, Beifuß (Wermut-Mönchseule), Kamille (Silber-Mönchseule).

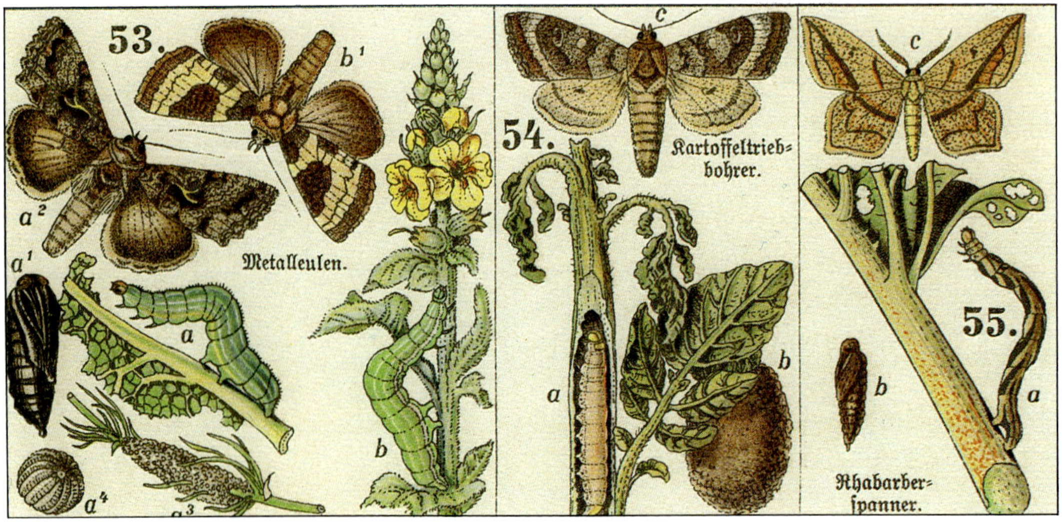

Autographa gamma
Phytometra chrysitis
Familie
Noctuidae
Eulen

Hydraecia micacea
Familie
Noctuidae
Eulen

Familie
Geometridae
Spanner

53. **Metalleulen** a Raupe; a^1 Puppe; a^2 Gammaeule; a^3, a^4 Eier; b Raupe; b^1 Messingeule.
54. **Kartoffeltriebbohrer** a Raupe; b Puppengespinst; c Markeule.
55. **Rhabarberspanner** a Raupe; b Puppe; c Falter.
56. **Quendelspanner**
a Raupe; a^1 Puppengespinst; a^2 Puppe; a^3 Quendelspanner-Art; b Raupe; b^1 Quendelspanner-Art; c Raupe; c^1 Quendelspanner-Art.
57. **Gartenspanner**
a Raupe; a^1 Meerrettichspanner; b Raupe; b^1 Gartenspanner-Art; c Raupe; c^1 Puppe; c^2 Gartenspanner-Art.

Familie
Geometridae
Spanner

Familie
Geometridae
Spanner

Familie
Pyralidae
Zünsler

Laspeyresia spec.
Grapholitha spec.
Familie
Tortricidae
Wickler

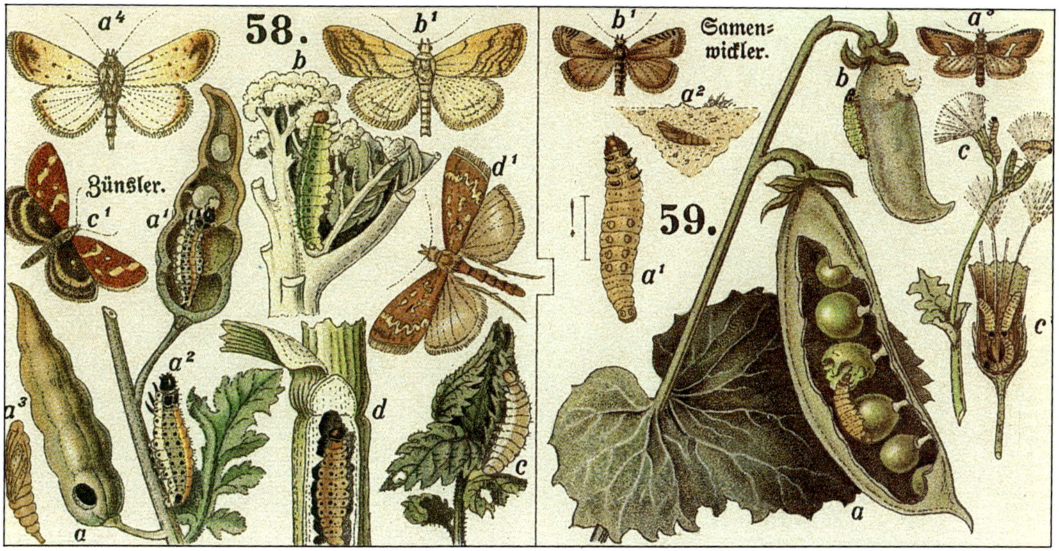

58. **Zünsler**
a befallene Rettich-Samenschote; a^1, a^2 Raupen; a^3 Puppe; a^4 Rübsaatpfeifer; b Raupe; b^1 Kohlzünsler; c Raupe; c^1 Purpurzünsler; d Raupe; d^1 Maiszünsler.
59. **Samenwickler**
a, a^1 Raupen; a^2 Puppe; a^3 Mondfleckiger Erbsenwickler; b Raupe; b^1 Brauner Erbsenwickler; c, c^1 Raupen des Salatwicklers.

Metalleulen

Die Raupen haben statt der sonst 4 nur 2 Paar Scheinfüße (Bauchfüße). Kriechbewegungen ähnlich wie bei Spannerraupen. Falter mit metallisch schimmernden Flecken auf den Vorderflügeln. Gammaeule auf fast allen Gemüsen, Gewürzen und Heilkräutern. Messingeule auf Boretsch, Nesseln, Königskerze, gelegentlich auf Salbei und Minzen.

Kartoffeltriebbohrer

Manchmal auf Kartoffeln, auch auf Rhabarber und grünen Tomaten. Geringe Schäden. Befallene Triebe welken und können entfernt werden.

Rhabarberspanner

Spannerraupen haben meist nur 1 Paar Scheinfüße und 1 Paar Nachschieber. Die Tiere bewegen sich deshalb „spannend“ und „katzbukkelnd“ fort. Die zarten Falter breiten die großen Flügel während der Ruhe weit aus. Fraßtätigkeit der Raupen des Rhabarberspanners im Juni und Herbst an Rhabarber.

Quendelspanner

Fraßtätigkeit vorwiegend auf Thymian.

Gartenspanner

Gelegentliche Fraßtätigkeit an den Blättern der Erdbeere. Durch Absammeln läßt sich das Auftreten schädlicher Spannerraupen wirkungsvoll eindämmen.

Zünsler

Die Raupen leben in Gespinstgängen zwischen zusammengesponnenen Blättern, im Mark der Stengel oder in Samenschoten. Die Verpuppung erfolgt im Fraßgang. Die Falter fliegen vorwiegend nachts.
Rübsaatpfeifer an Kohl, Rettich, Raps.
Kohlzünsler an Kohl, Meerrettich, Sellerie.
Purpurzünsler an Minzen.
Maiszünsler in Stengeln von Mais, Bohne und Sonnenblume.
Biologische Maiszünslerbekämpfung mit der Schlupfwespe *Trichogramma.* Ansonsten Bekämpfung jeweils durch Entfernen der befallenen Pflanzen.

Samenwickler

Wicklerraupen sind lebhaft, tragen auf kleinen Warzen meist kurze Härchen und leben zwischen zusammengesponnenen Blättern, an Knospen, Blüten und Samen. Charakteristisch ist das ruckweise Rückwärtskriechen, wenn die Raupen aufgeschreckt werden.

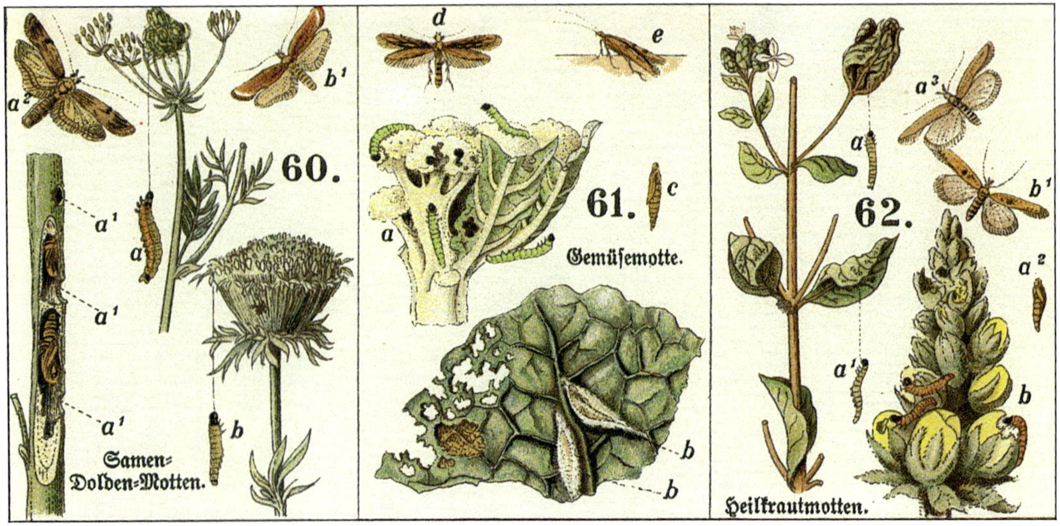

Familie
Oecophoridae
Faulholzmotten

Plutella maculipennis
Familie
Plutellidae
Schabenmotten

Familie
Plutellidae
Schabenmotten

60. **Samendolden-Motten**
a Raupe; a^1 Puppen und Schlupflöcher der Falter; a^2 Kümmelmotte; b Raupe; b^1 Möhrenmotte.
61. **Gemüsemotte, Kohlschabe** a Raupe; b Puppengespinste; c Puppe; d, e Falter.
62. **Heilkrautmotten** a, a^1 Raupen; a^2 Puppe; a^3 Majoranmotte; b Raupen; b^1 Wollkrautmotte.
63. **Miniermotten**
a Raupe; a^1 Puppe; a^2 Kohlfedermotte; b, b^1 Raupen; b^2 Puppengespinste; b^3 Zwiebelmotte; c Mine im Erdbeerblatt; c^1 Raupe; c^2 Puppe; c^3 Erdbeerminiermotte.
64. **Gemüsewanzen**
a, a^1 Kohlwanzen; b Schmuck-Kohlwanze; c Erdwanze; d Randwanze; e Zweipunktige Wiesenwanze; f Saugschnabel; g Eier.

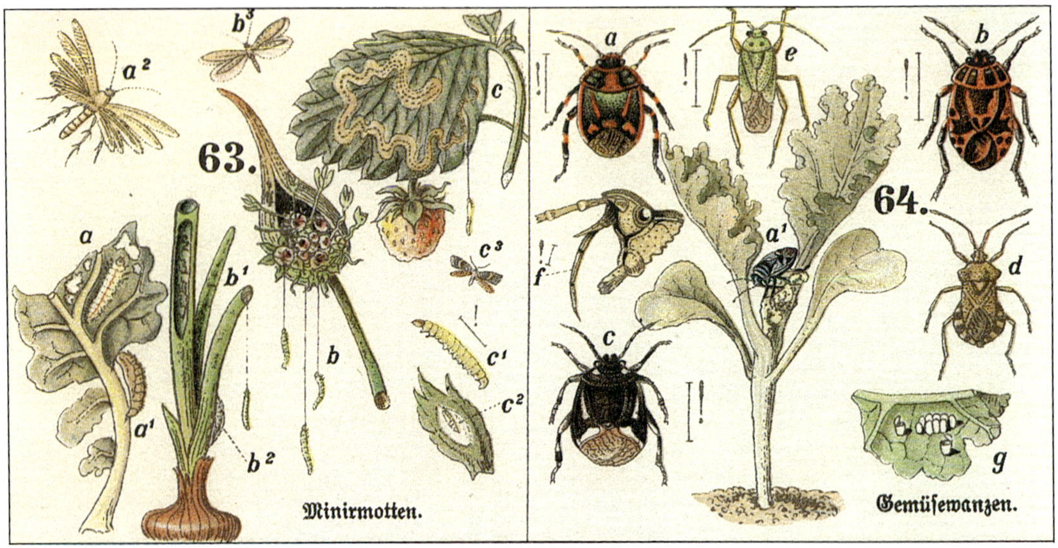

Familien
Lyonetiidae
Blattminiermotten
Gracilariidae
Miniermotten
Plutellidae
Schabenmotten

Familien
Pentatomidae
Baumwanzen
Cydnidae
Erdwanzen
Coreidae
Randwanzen

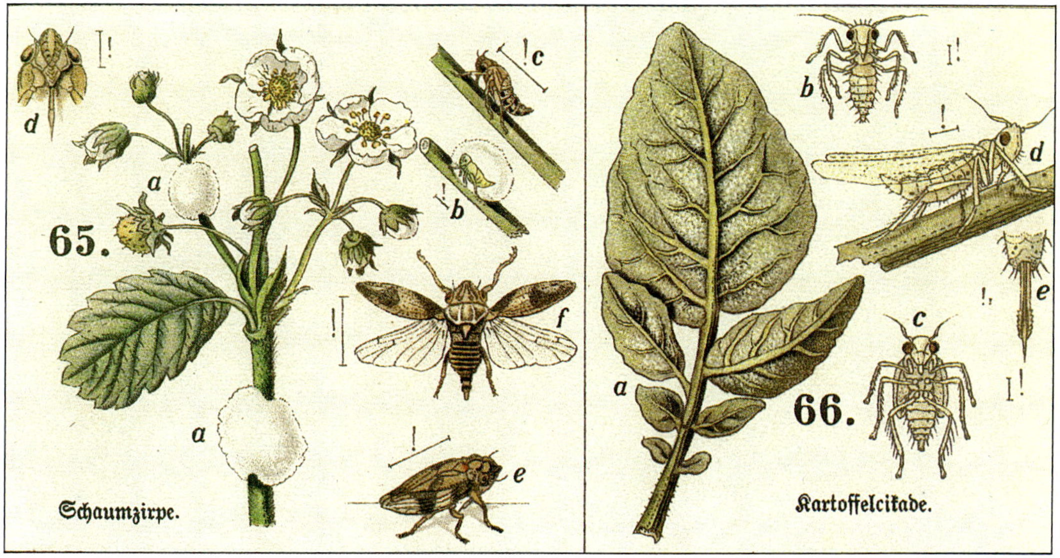

65. **Schaumzikade**
a Kuckucksspeichel; b, c Larven; d Saugschnabel; e, f Schaumzikade.
66. **Kartoffelzikade**
a geschädigtes Kartoffelblatt; b Larve; c Nymphe; d Kartoffelzikade; e Saugschnabel.

Samendolden-Motten

Die Raupen spinnen gesellig, dabei bleibt jedoch jede Raupe einzeln im Röhrengespinst. Benennung nach den Hauptfutterpflanzen: Kümmelmotte, Möhrenmotte, Kerbelmotte, Majoranmotte, Wollkrautmotte (an Königskerze). Befallene Pflanzenteile rechtzeitig absammeln.

Gemüsemotte, Kohlschabe

Nach trockener Witterung gelegentlich in Massen an Kohl, Meerrettich und Kopfsalat. Fensterfraß dadurch, daß Blattgewebe von unten bis zur Blattoberhaut angefressen wird.

Heilkrautmotten

Majoranmotte an Wildem Majoran (Dost). Blätter werden zusammengesponnen. Wollkrautmotte an Königskerze. Zwei Generationen im Mai und Juli. Fraß an Blütenknospen, Früchten und Herzblättern.

Miniermotten

Miniertätigkeit verschiedener Arten an Zwiebeln, Lauch, Kohl, Erdbeere, Ampfer. Die Bekämpfung der meist wenig schadenden Larven erfolgt im Hausgarten durch Absammeln der Blätter.

Gemüsewanzen

Durch die Saugtätigkeit entstehen Kräuselungen und Verkrüppelungen an Blättern, Blüten und Früchten. Zahlreiche Arten leben aber auch räuberisch und werden dadurch nützlich. Viele Wanzen verbreiten durch Absonderungen aus Drüsen der Hinterbrust den typischen Wanzengeruch. Kohlwanze an Kohl, Rettich, Kartoffel, Salat, Sellerie, Spargel, Rhabarber. Schmuck-Kohlwanze an Kohl, Rettich, Senf, Kartoffelkraut. Randwanze an Rhabarber, Erdbeere. Wiesenwanze an Kohl und Bohnen. Eine Bekämpfung dürfte nur selten notwendig werden.

Schaumzikade

Mit Hilfe der zu Sprungbeinen entwickelten Hinterbeine können sich die Zikaden vor dem Flug fortschnellen. Schaumzikaden verfertigen den „Kuckucksspeichel“ an Erdbeeren, Gemüsen und Gewürzpflanzen. Nur bei Massenauftreten werden die befallenen Pflanzen geschwächt.

Kartoffelzikade

In manchen Jahren massenhaftes Auftreten. Schadwirkung vor allem durch die Übertragung von Viruskrankheiten. Im Hausgarten meist kein bekämpfungswürdiger Befall.

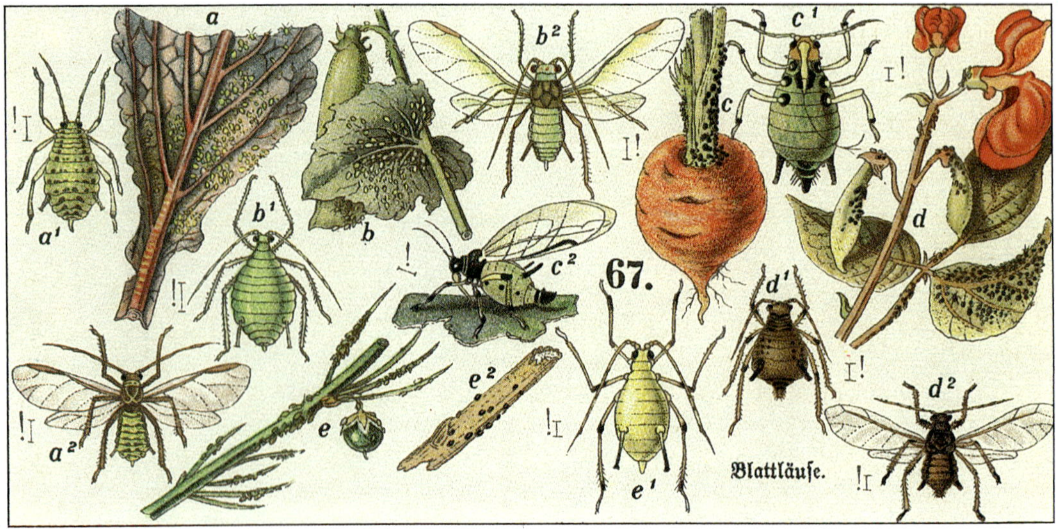

Familien
Aphididae
Röhrenläuse
Eriosomatidae
Woll- und Blasenläuse
Phylloxeridae
Zwergläuse
Adelgidae
Fichten- und Tannenläuse

67. **Blattläuse**
a befallenes Kohlblatt; a^1, a^2 Mehlige Kohlblattlaus; b befallene Erbse; b^1, b^2 Grüne Erbsenblattlaus; c befallene Möhre; c^1, c^2 Möhrenblattlaus; d befallene Bohne; d^1, d^2 Schwarze Rübenlaus; e, e^1 Grüne Pfirsichlaus auf Spargel; e^2 Blattlauseier.
68. **Blattflöhe**
a befallener Feldsalat; a^1 Larve; a^2 eierlegender Blattfloh; b Blattflohkolonie an Goldraute.
69. **Wurzelläuse**
a, a^1, a^2 Salaterdlaus; b Bohnenerdläuse.
70. **Mottenschildlaus, Weiße Fliege**
a Befall am Kohlblatt; a^1 Kohl-Mottenschildlaus; b befallene Bohne; b^1, b^2 Vollinsekt; b^3 Eier; b^4 Larve.

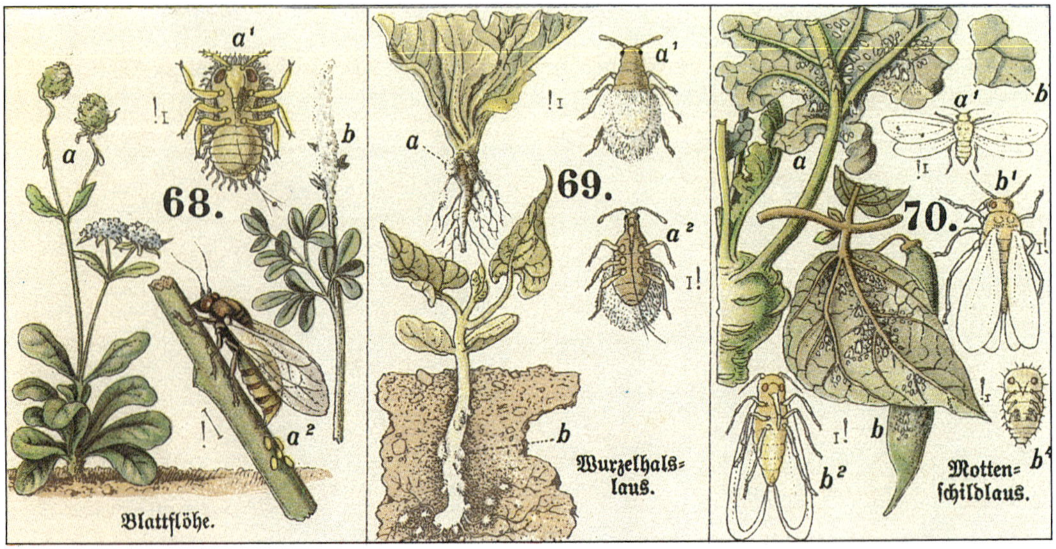

Familie
Psyllidae
Blattflöhe

Familie
Pemphigidae
Blasenläuse

Trialeurodes spec.
Aleurodes spec.
Familie
Aleurodidae
Mottenschildläuse

Gryllotalpa gryllotalpa
Familie
Gryllotalpidae
Langfühlerschrecken

Ordnung
Collembola
Springschwänze

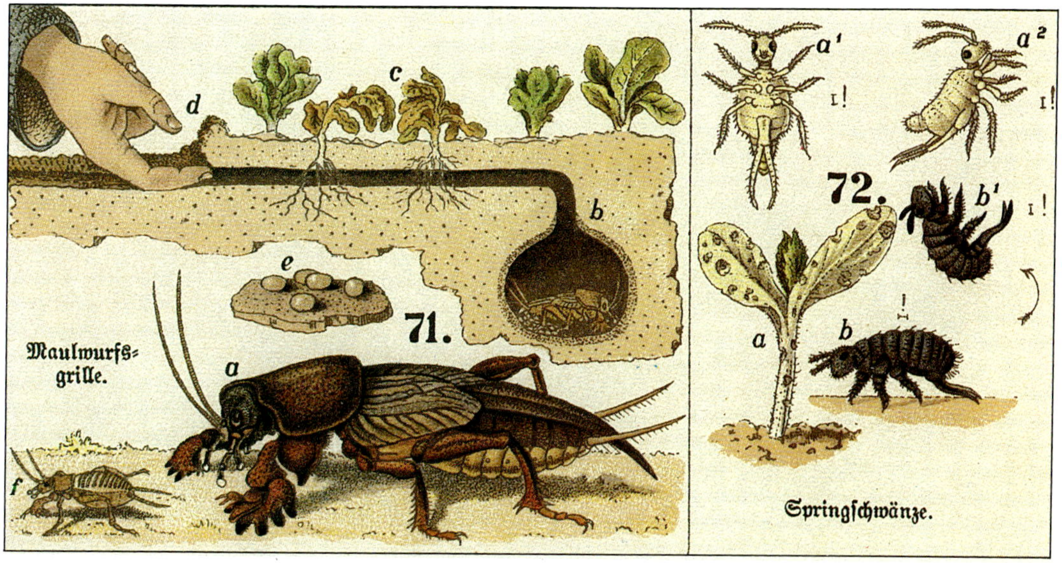

71. **Maulwurfsgrille, Werre**
a Maulwurfsgrille; b Nest; c geschädigte Pflanzen; d Aufsuchen des Nestes; e Eier; f Larve.
72. **Springschwänze**
a befressener Gurkensämling; a[1], a[2] Springschwänze; b, b[1] Wasserspringschwanz.

Blattläuse häufige Schädlinge
Wohlbekannte Sauger an vielen Pflanzen. Meist treten ungeflügelte Weibchen auf, die sich ungeschlechtlich vermehren. Geschlechtstiere tragen Flügel. Zahlreiche Arten. Typisch sind die Rückenröhren, die überschüssige Zuckerlösung abgeben. Darauf siedeln sich oft Schwärzepilze an. Hauptschaden durch verkrüppelte Pflanzenteile und geschwächte Pflanzen. Häufig wirtswechselnd, dabei Überträger verschiedener Viruskrankheiten. Viele natürliche Feinde, vor allem Larven der Marienkäfer und Florfliegen, aber auch Schwebfliegenlarven, Raubwanzen, Schlupfwespen und Spinnen. Bekämpfung nur bei Massenbefall, wenn Schäden nicht hingenommen werden können, mit nützlingsschonenden Mitteln (Rapsöl, Kalisalze). Oft hilft Abwaschen mit scharfem Wasserstrahl. Das geht leicht, wenn eine halbe Stunde vorher mit schwacher Seifenlösung (3 g Kernseife pro Liter Wasser) gespritzt wurde. Befallenes Gemüse kann durch Zusatz von etwas Essig und Salz in das Waschwasser von Blattläusen gesäubert werden.

Blattflöhe

Blattflöhe ähneln den Zikaden und haben ebenfalls Sprungbeine. Die Larven scheiden viel Honigtau aus. Durch die Saugtätigkeit der Larven entstehen Verkrümmungen an den Pflanzen. Befall an Möhren, Feldsalat, Raute durch verschiedene Arten.

Wurzelläuse

Typisch sind die reichen Wachsausscheidungen. Durch die Saugtätigkeit an den Wurzeln stocken die Pflanzen im Wachstum oder welken. Oft massenhaftes Auftreten an Salat, Möhre, Bohnen und verschiedenen Zierpflanzen. Um den Befall einzudämmen, den Boden gut feucht halten und bei Salat resistente Sorten verwenden.

Mottenschildlaus, Weiße Fliege häufiger Schädling
Saugtätigkeit an der Blattunterseite vieler Nutz- und Zierpflanzen. Die Blätter bekommen helle Saugstellen und vergilben. Ein guter Bekämpfungserfolg im Frühbeet, Gewächshaus, Wintergarten und am Blumenfenster ist mit der nützlichen Schlupfwespe *Encarsia formosa* zu erzielen, vorausgesetzt sie wird rechtzeitig ausgebracht.

Maulwurfsgrille, Werre

Schäden durch Wühltätigkeit, Fraß an den Wurzeln und Blättern. Verzehrt werden aber auch Insekten und Schnecken. Vorkommen vor allem auf humosen Böden. Bekämpfung durch Ausnehmen der Nester, wobei man mit dem Finger dem Gang folgt. Als Fallen wirken glattwandige Gefäße, die bis zum Rand eingegraben werden, vor allem zur Paarungszeit im Mai bis Juli.

Springschwänze

Winzige weiße oder blauschwarze, manchmal grüne Insekten, vorwiegend auf feuchtem Boden, wo sie von verrottenden Pflanzenteilen leben. Wichtige Humusbildner. Nur bei starkem Auftreten werden auch gesunde Pflanzen angefressen, vor allem die Keimlinge in Anzuchtschalen. Als Gegenmaßnahmen die Pflanzen nicht zu naß halten und die Anzuchtschalen mit Sand absieben. Ködermittel: Stücke von Kartoffeln, Möhren und Sellerie, auch frische Knochen.

Familie
Thysanoptera
Fransenflügler

Klasse
Myriapoda
Tausendfüßler

73. **Blasenfuß, Thrips**
a, a^1 befallene Erbsenschoten; a^2 Larve; b Gewächshaus-Blasenfuß.
74. **Tausendfüßler** a, a^1 Tausendfüßler; b, b^1, b^2 Getüpfelter Tausendfuß.
75. **Rote Spinne, Spinnmilbe**
a befallenes Gurkenblatt; a^1 Grüne Spinnmilbe, a^2 Eier; a^3 Larve; b Rote Spinnmilbe; b^1 überwinterndes Ei.
76. **Wurzelmilben** a befallene Möhre; b, c Möhren-Wurzelmilbe.
77. **Fadenwürmer, Älchen**
a abgestorbene Gurkenpflanze; b befallene Wurzel; c, e Älchen; d Eier.

Familie
Tetranychidae
Spinnmilben

Rhizoglyphus echinopus
Familie
Acaridae
Wurzelmilben

Klasse
Nematoda
Fadenwürmer

Schnecken

1a, b Wegschnecke; 2 Egelschnecke; 3 Ackerschnecke; 4 Große Weinbergschnecke; 5a, b Hain-Schnirkelschnecke; 6 Pantherschnecke; 7 Weiße Turmschnecke; 8 Tellerschnecke.

Blasenfuß, Thrips

Wenige Millimeter große Insekten mit stechend-saugenden Mundwerkzeugen. Viele Arten auf zahlreichen Nutz- und Zierpflanzen, vor allem auf Gladiolen. Schäden durch Saugtätigkeit an zarten Pflanzenteilen. Typisch sind an den Befallsstellen die schwarzbraunen, glänzenden Kotflecken. Oberseits ist der Befall am Silberglanz der Blätter zu erkennen. Bei starkem Befall Dezimierung mit Nützlingen, den Raubmilben *Amblyseius* und *Neoseiulus.*

Tausendfüßler

Tausendfüßler leben von faulenden Pflanzenteilen, verwesenden tierischen Stoffen, kleinen Insekten und deren Larven. Sämlinge werden manchmal befallen, wenn sie durch Kälte oder Vernässung schlecht wachsen. Gelegentlich Fraß an verletzten Stellen von Salat, Gurken und Kartoffeln. Der Getüpfelte Tausendfuß geht an Erdbeeren. Köder: Kartoffel- und Möhrenstücke an dunklen Schlupfwinkeln (unter Blumentöpfen).

Rote Spinne, Spinnmilbe häufiger Schädling

Die winzigen, rot bis gelb gefärbten Spinnmilben treten vor allem in trockenen Sommern an Freilandgewächsen stark auf; sonst in Frühbeeten, im Gewächshaus, an geschützt stehenden Balkonbepflanzungen und vor allem bei Zimmerpflanzen an ungünstigen Standorten. Bei Massenauftreten werden die Blätter durch die Saugtätigkeit so sehr geschädigt, daß sie vertrocknen und später auch die Pflanze abstirbt. Im Frühbeet, Gewächshaus, im Wintergarten und am Blumenfenster kann die nützliche Raubmilbe *Phytoseiulus persimilis,* die sich von den Spinnmilben ernährt, zur Befallsminderung beitragen.

Wurzelmilben

Die Fraßtätigkeit führt zu Wuchsminderung und Schorfbildung an unterirdischen Pflanzenteilen bei Kartoffeln, Möhren, Sellerie, Erdbeeren. Die erkrankten Pflanzen baldmöglichst beseitigen.

Fadenwürmer, Älchen

Mikroskopisch kleine Lebewesen, die parasitisch im Innern der Pflanzen leben. Sie verursachen Wachstumsstockungen und Welkeerscheinungen. Häufig an Dahlien, Phlox und manchen Gemüsen. Wirkungsvollste Gegenmaßnahme ist die Auswahl widerstandsfähiger Sorten.

Schnecken

Gehäuseschnecken sind wenig schädlich, Nacktschnecken um so mehr, vor allem in nassen Jahren und nach milden Wintern. Im naturnahen Garten räumen Kröten, im Bauerngarten Enten gründlich unter den Schnecken auf. Ködermittel: Bierfallen, Auslegen von Kartoffelscheiben. Schneckenzäune sind wirksam, verunstalten in der Regel aber den Garten. Chemische Lockmittel nicht unmittelbar zu gefährdeten Pflanzen bringen, damit die Schnecken von dort weggelockt werden.

Sie werden manchmal verwechselt

Wühlmaus

Ein gefürchteter Schädling in Gärten, die an landwirtschaftlich genutzte Flächen grenzen. Wühlmäuse unterscheiden sich von den Mäusen durch die stumpfe Schnauze, den kürzeren Schwanz und die kleinen Ohren. Das Fell ist länger und dichter. Wühlmäuse fressen zahlreiche Gehölze und Gemüse von unten her ab. Ein sicheres Kennzeichen für ihre Anwesenheit sind Pflanzen, die sich leicht aus der Erde ziehen lassen. Im Unterschied zum Maulwurf sind die Gänge hochoval und frei von Wurzeln. Die Erdhaufen sind kleiner und flacher.
Die Bekämpfung ist schwierig. Am sichersten wirken sachgerecht ausgebrachte Fallen. Wühlmausabweisende Pflanzen (Knoblauch, Kaiserkrone, Euphorbia lathyris) wirken allenfalls auf eng begrenztem Raum. Das Einleiten von Kohlensäuregas (CO_2) in die Gänge, deren Lage zuvor mit einem Suchstab erkundet wird, ist eine wirkungsvolle Methode bei einer größeren Flächenbehandlung.

Maulwurf

Als Insektenfresser ist der Maulwurf dem Menschen nützlich, durch die Grabtätigkeit kann er jedoch lästig fallen. Dann sollte man ihn aber lediglich vertreiben. Daß ein Gang vom Maulwurf besetzt ist, erkennt man an den flachrunden, mit Wurzeln durchsetzten Gängen. Die Erdhaufen sind größer und zeigen manchmal Reste von Insekten. Zum Vertreiben eignen sich Karbidstücke, die man in die Gänge legt und die in Verbindung mit der Bodenfeuchtigkeit Acetylengas entwickeln.

Spitzmaus

Die Spitzmäuse sind Insektenfresser mit hohem Nahrungsbedarf. Man kann sie im Garten durch die Duldung von Verstekken fördern. Spitzmäuse sind gekennzeichnet durch die lange spitze Nase und den langen Schwanz. Sie sind stets in Bewegung und stoßen dabei leise, zirpende Laute aus. Sie halten auch immer wieder kurz an um zu schnuppern, da der Geruchssinn stark ausgeprägt ist.

Nützlinge

Wenn von Nützlingen die Rede ist, denkt man meist spontan an die von Blattläusen lebenden Marienkäfer, von denen vorwiegend Zweipunkt und Siebenpunkt bekannt sind. Doch deren Vielfalt ist wesentlich größer; 28 der bei uns vorkommenden 88 Arten zeigt die Tafel (Nr. 9–36), dazu 8 der sehr nahe verwandten Pilzkäfer. Sie ernähren sich von Baumschwämmen, Schimmelpilzen und teilweise auch von Borkenkäfern.

1 Pilzkäfer, *Dacne bipustulata*
2 *Tritoma bipustulata*
3 *Triplax russica*
4 *Tetratoma fungorum*
5 *Endomychus coccineus*
6 *Mycetina cruciata*
7 *Lycoperdina succincta*
8 *Lycoperdina bovistae*
9 *Hippodamia tredecimpunctata*
10 *Anisosticta novemdecimpunctata*
11 *Adonia variegata*
12 *Aphidecta obliterata*
13–15 Zweipunkt, *Adalia bipunctata*
16 *Coccinella quinquepunctata*
17 Siebenpunkt, *Coccinella septempunctata*
18 *Coccinella quatuordecimpunctata*
19–22 *Coccinella decimpunctata*
23 *Harmonia quadripunctata*
24 *Coccinella conglobata*
25 *Myrrha octodecimguttata*
26 *Mysia oblongoguttata*
27 Augenmarienkäfer, *Anatis ocellata*
28 *Calvia quatuordecimpuctata*
29 *Halyzia sedecimpunctata*
30, 31 *Propylaea quatuordecimpunctata*
32 *Thea vigintiduopunctata*
33 *Micraspis duodecimpunctata*
34 *Chilocorus renipustulatus*
35 *Exochomus quadripustulatus*
36 *Hyperaspis reppensis*

Nützliche Insekten

1. **Sandlaufkäfer**
Jagdtätigkeit vorwiegend am Tag, bevorzugt werden besonnte Böden. Larve baut Röhren zum Insektenfang, ähnlich wie Ameisenlöwe.

2. **Gekörnelter Laufkäfer** geschützt
Jagdtätigkeit vorwiegend nachts, vor allem auf Bäumen. Hauptbeute sind Raupen und andere Larven sowie Nachtfalter.

3. **Puppenräuber**, Larve
Die Larve des gleichnamigen Laufkäfers vertilgt in Obstgärten Raupen und Puppen und kann auch einen starken Befall durch den Prozessionsspinner dezimieren. Auch die Afterraupen der Blattwespen (Stachelbeerblattwespe) werden verzehrt. Futterbedarf der Larve 40 Raupen; Käfer bis 400 Raupen im Jahr.

4. **Schwarzer Laufkäfer**, Larve
Ebenso wie die Käfer leben auch deren Larven vorwiegend von schädlichen Insekten. Käfer und Larve benötigen im Garten Schlupfwinkel (Mauerritzen, Reisighaufen).

5. **Kurzflügler**
Lebt am Boden, unter Steinen, Moos, Abfällen und Kompost. Bevorzugte Nahrung sind Tausendfüßler, Drahtwürmer, Kohlgallenrüßler und deren Larven.

6. **Braunroter Weichkäfer**
Zeitweise massenhaftes Auftreten. Die Käfer, vor allem aber die Larven sind hervorragende Schneckenvertilger. Zur Nahrung gehören auch Blattläuse und Milben.

7. **Gelbroter Weichkäfer**
Auf Doldenblüten der Gärten und Wiesen, aber auch in reifenden Getreidefeldern.

8. **Lehmgelber Weichkäfer**
Im Moos, unter abgefallenem Laub, am Wurzelhals der Bäume und in faulem Holz jagend.

9.–16. **Marienkäfer** wichtige Nützlinge
9.–12. *verschiedene Marienkäferarten.* 12a *Eier*; 13, 14 *Larven*; 15, 16 *Puppen.*
Larven und Käfer leben fast ausschließlich von Blattläusen, Schildläusen und Blattflöhen. Durch die rasche Entwicklung können sie sich dem Schädlingsbefall gut anpassen. Eine Larve verzehrt über 600 Blattläuse.

17.–19. **Johanniswürmchen**
17 *Männchen*; 18 *Weibchen*; 19 *Larve.*
Nur das männliche Tier ist flugfähig. Vor allem die Larven dieser Leuchtkäfer sind nützlich, da sie Schnecken vertilgen.

20.–24. **Schlupfwespen** wichtige Nützlinge
20 *Kohlweißlingsschlupfwespe*; 21 *Wollkokons auf toter Kohlraupe*, 22 *Schlupfwespe bei der Eiablage*; 23 *Spinnerschlupfwespe*; 24 *Kokon.*
Schlupfwespen legen ihre Eier mit Hilfe eines Legebohrers an oder in die Larven oder Eier anderer Insekten. Die auskriechende Larve parasitiert die Wirtstiere: Fliegenmaden, Raupen, Käferlarven, Läuse, Schildläuse, Holzwespen.

25.–26. **Florfliege** wichtiger Nützling
25 *Vollinsekt*; 25a *gestielte Eier*; 26 *Larve (Blattlauslöwe).*
Florfliegen, vor allem aber deren Larven sind bewährte Blattlausvertilger. Typisch sind die gestielten Eier. Das Vollinsekt überwintert gerne in Häusern.

27, 28 **Kamelhalsfliege**
27 *Vollinsekt*; 28 *Larve.*
Fliege und Larve leben räuberisch von Kleininsekten wie Borkenkäferlarven, aber auch von Schmetterlings- und Blattwespeneiern.

29, 30 **Wasserjungfer**
Libellen fangen ihre Beute in der Luft: Schmetterlinge, Käfer, Schmeißfliegen, Bremsen. Die Larven leben als Räuber im Wasser.

31. **Schmarotzerfliege, Raupenfliege** wichtiger Nützling
Die Made lebt schmarotzend in verschiedenen Schmetterlingsraupen und Puppen. Sie ist ein Hauptfeind des berüchtigten Nonnenfalters. Im Gegensatz zur verwandten Schmeißfliege ist der Kopf nicht schwarz und der Leib nicht blauschillernd. Ausgewachsene Schmarotzerfliegen ernähren sich von Blütensäften, vor allem von Doldenblütlern.

32.–35. **Schwebfliegen** wichtige Nützlinge
32 *Insekt*; 33, 34 *Schwebfliegenlarven beim Fraß*; 35 *Schwebfliegenpuppe.*
Die ausgewachsene Schwebfliege mit der auffallend wespenartigen Zeichnung ernährt sich vorwiegend vom Blütensaft der Korbblütler. Die Tiere können fliegend in der Luft verharren (Name). Die Eier werden in der Nähe von Blattlauskolonien abgelegt. Diese Tiere dienen den schlüpfenden Maden als Nahrung. Feinde der Schwebfliegenlarven sind die Ameisen, welche die Blattlauskolonien vor ihnen zu schützen suchen.

36. **Raubfliege** wichtiger Nützling
Während sich die Larven von verwesenden Stoffen ernähren, lebt das Vollinsekt räuberisch von den Faltern der Obstmade, von Fliegen, Käfern und Larven.

37.–39. **Raubwanzen** wichtige Nützlinge
37 *Rotfüßige Baumwanze mit Beute*; 38 *Punktierte Baumwanze*; 39 *Blutrote Kotwanze.*
Neben den Pflanzensäfte saugenden Wanzen gibt es eine ganze Reihe von räuberisch lebenden Arten, die sich von Raupen, Larven und Läusen ernähren. Meist lebhafte Färbung.

40, 41 **Ohrwurm** wichtiger Nützling
40 *männliches Tier*; 41 *weibliches Tier.*
Ohrwürmer jagen vorwiegend nachts schädliche kleine Insekten wie Blattläuse, Schildläuse, kleine Raupen, Fliegen, verschiedene Larven, beispielsweise der Schildläuse und Erdflöhe. Der gelegentliche Schaden durch den Fraß an Blüten (Dahlienblüten) ist im Vergleich mit dem Nutzen unbedeutend. Verstecke im Baum (mit Holzwolle gefüllte Blumentöpfe) schützen den Ohrwurm tagsüber vor Vögeln.

1 Sandlaufkäfer
2 Gekörnelter Laufkäfer
3 Puppenräuber, Larve
4 Schwarzer Laufkäfer, Larve
5 Kurzflügler
6 Braunroter Weichkäfer
7 Gelbroter Weichkäfer
8 Lehmgelber Weichkäfer
9–12 Marienkäfer, verschiedene Arten
12a Eier
13, 14 Larven
15, 16 Puppen
17 Johanniswürmchen, männl. Tier
18 Johanniswürmchen, weibl. Tier
19 Johanniswürmchen, Larve
20 Kohlweißlingsschlupfwespe
21 Wollkokons auf toter Kohlraupe
22 Schlupfwespe bei der Eiablage
23 Spinnerschlupfwespe
24 Kokon der Spinnerschlupfwespe
25 Florfliege
25a Eier der Florfliege
26 Blattlauslöwe, Larve der Florfliege
27 Kamelhalsfliege
28 Larve der Kamelhalsfliege
29, 30 Wasserjungfern
31 Schmarotzerfliege
32 Schwebfliege
33, 34 Schwebfliegenlarven
35 Schwebfliegenpuppe
36 Raubfliege
37 Rotfüßige Baumwanze
38 Punktierte Baumwanze
39 Blutrote Kotwanze
40 Ohrwurm, männl. Tier
41 Ohrwurm, junges Weibchen

Vögel im Garten

Die Wacholderdrossel hat sich in manchen Gegenden dadurch unbeliebt gemacht, daß sie zur Zeit der Kirschreife von bisher tierischer auf pflanzliche Nahrung überwechselt und für den Rest des Jahres dabei bleibt.

Vögel

Vögel sind insgesamt nützliche Gartenbesucher, die durch das Anbieten von Nistkästen, dornbewehrten Sträuchern für Bodenbrüter und das Schneiden von Nistquirlen in den Garten gelockt werden können. Vogelschäden entstehen vor allem zur Erntezeit, wenn sich bisher von Insekten lebende Vögel auf pflanzliche Ernährung umstellen. Der beste Schutz für die Früchte sind geeignete, fachgerecht angebrachte Netze. Quer über die Beete gespannte Fäden schützen die Aussaaten. Die Winterfütterung muß sinnvoll bleiben und darf die Suche nach natürlichem Futter nicht überflüssig machen. Deshalb nicht bis ins Frühjahr füttern.

Vögel am winterlichen Futterplatz

1 Buntspecht
2 Kernbeißer
3 Dompfaff
4 Schwanzmeise
5 Buchfink
6 Bergfink
7 Kleiber
8 Blaumeise
9 Goldhähnchen
10 Zaunkönig
11 Kohlmeise
12 Sumpfmeise
13 Haubenmeise
14 Stieglitz
15 Sperling
16 Haubenlerche
17 Goldammer
18 Baumläufer

Igel

Igel sind Insektenfresser, die auch Fallobst nicht verschmähen. Sie sind Nachttiere mit gutem Geruchs- und Gehörsinn. Da sie ein großes Jagdrevier brauchen, ist es empfehlenswert, Gartenzäune nicht bis zum Boden reichen zu lassen, so daß die Tiere darunter hinwegschlüpfen können. Zum Winterschlaf, während dem sie nicht gestört werden dürfen, suchen die Igel Laubhaufen, alte Bretterstapel oder Reisighaufen auf.

Fledermaus

Geschickte Flieger, die nachts auf Beutefang gehen und sich durch das Echo ihrer Schallwellen orientieren. Während des Tages ruhen die Tiere in hängender Stellung an dunklen, geschützten Orten und verbringen dort auch ihren Winterschlaf. Durch die moderne Bauweise und imprägnierten Balken ist ihr Bestand zurückgegangen, da die von ihnen bevorzugten Dachkonstruktionen ungeeignet oder kaum mehr zugänglich sind. Förderung durch künstliche Höhlen möglich.

Eidechsen

Eidechsen leben von tierischer Nahrung, vorwiegend von Insekten, Schnecken und Würmern. Sie sind wechselwarm und bevorzugen deshalb warme Flächen (Steingärten). Eidechsen bilden Reviere, die sie gegen Konkurrenten verteidigen. Da sie durch Raubtiere (Katzen) gefährdet sind, benötigen sie Schlupfwinkel.

1 Zauneidechse; 2 Waldeidechse; 3 Mauereidechse

Amphibien

Lurche, Frösche, Kröten

Wegen der stets feuchten Haut sind die Tiere meist nachts aktiv und an einen feuchten Lebensraum gebunden. Teiche werden vor allem von den Lurchen vorwiegend nur zur Eiablage aufgesucht. Die meisten Amphibien sind an dieses Laichgewässer gebunden. Ein Tier, das sich hier entwickelt, wird später hier wieder ablaichen. Vor allem die Frösche sind im Garten ausgezeichnete Schneckenvertilger. Sie brauchen jedoch einen großen Lebensraum und werden sich nur bei zusagenden Lebensbedingungen ansiedeln.

1 Wasserfrosch; 2 Grasfrosch; a Laich; e–f Larven; 3 Erdkröte; 4 Grüne Kröte; 5 Gelbbauchige Unke; 6 Laubfrosch; 7 Feuersalamander; 8 Kamm-Molch; 9 Berg-Molch; 10 Teichmolch

Spinnen

Spinnentiere gibt es in sehr großer Artenzahl im und über dem Boden. Am bekanntesten sind die netzanfertigenden Spinnen. Alle leben räuberisch, wobei erwiesenermaßen vor allem pflanzenschädigende Insekten vertilgt werden.

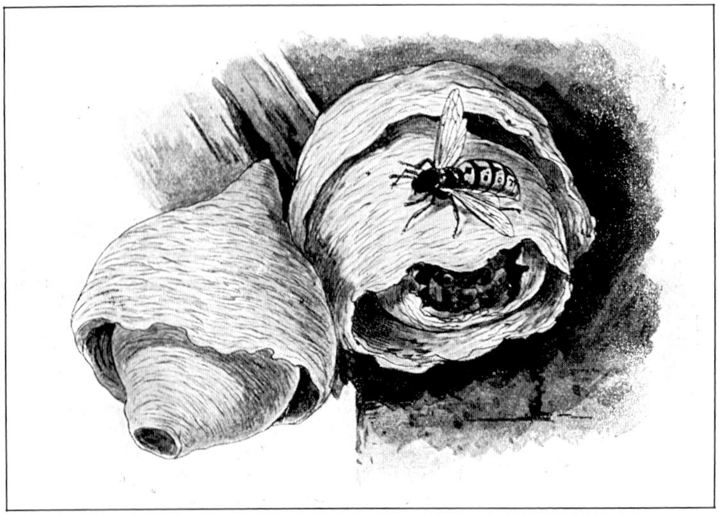

Wespen

Wespen verfüttern zur Brutaufzucht vorwiegend Insekten. Sie sind dadurch in hohem Maße nützlich, auch wenn sie gerne reife Früchte anfressen. Vom Obst und auch von der Terrasse kann man sie erfolgreich weglocken, wenn man sie gezielt mit einer Mischung aus Colagetränk und Orangensaft füttert.

Blütenbestäubende Insekten

Die meisten Blüten im Garten sind auf eine Fremdbestäubung, vor allem durch Insekten angewiesen. Die bei weitem größte Bestäubungsarbeit und die beste Bestäubungsqualität erbringt die blütenstete Honigbiene. Es liegt deshalb im Interesse der Gartenbesitzer, die Arbeit des Imkers durch den Anbau von Trachtpflanzen zu unterstützen und die Bienen nicht durch fahrlässigen Umgang mit Pflanzenschutzmitteln zu gefährden.

1 Gartenhummel
2 Nordische Biene an Birnenblüte
3 Höhlenhummel auf Pfirsichblüte
4 Kaukasische Biene an Reneklodenblüte
5 Pelzbiene an Spargelblüte
6 Mauerbiene auf Bohnenblüte
7 Erdbiene an Stachelbeere
8 Grabbiene an Wildrose
9 Schmalbiene an Glockenblume
10 Maskenbiene an Luzerne
11 Krainer Biene
12 Maskenbiene an Mohrrübe
13 Bläuling und Taubenschwänzchen am Türkenbund
14 Wollschweber
15 Schmalbiene an Gurkenblüte
16 Liebeshainblume
17 Mauerbiene an Lerchensporn
18 Tapezierbiene an Stiefmütterchen
19–21 Heidebienen auf Apfelblüten
22 Mooshummel und Italienische Biene auf Apfelblüte
a Staubbeutel
b Griffel
c Samenanlage

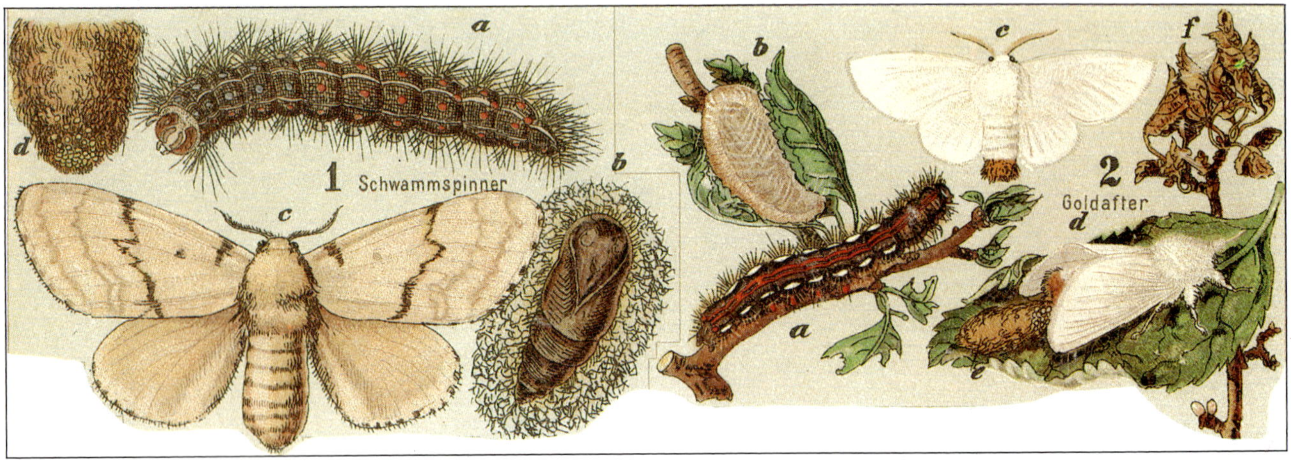

1. **Schwammspinner**
a Raupe; b Puppe; c weibl. Schmetterling; d Eierhäufchen.
2. **Goldafter**
a Raupe; b Kokon; c männl. Falter; d weibl. Falter; e Eigelege;
f Raupennest zur Überwinterung.

Lymantria dispar
Familie
Lymantriidae
Trägspinner

Euproctis chrysorrhoea
Familie
Lymantriidae
Trägspinner

Malacosma neustria
Familie
Lasiocampidae
Glucken

Aporia crataegi
Familie
Pieridae
Weißlinge

3. **Ringelspinner**
a Raupe; b Kokon; c Puppe; d männl. Falter; e weibl. Falter; f Eigelege.
4. **Baumweißling**
a Raupe; b Puppe; c Falter; d Eigelege; e Raupennest.

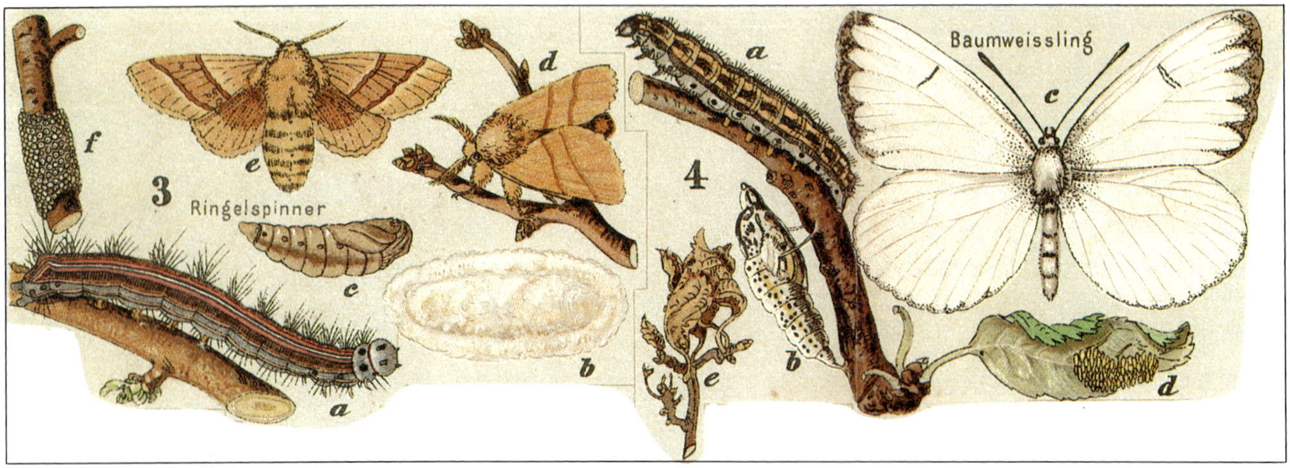

5. **Großer Fuchs**
a bestachelte Raupe; b Puppe; c Falter; d Eigelege.
6. **Nonne**
a Raupe; b Puppe; c weibl. Falter; d männl. Falter; e Eigelege.

Nymphalis polychloros
Familie
Nymphalidae
Edelfalter

Lymantria monacha
Familie
Lymantriidae
Trägspinner

Im Obstgarten

Schwammspinner

Die Eiablage erfolgt unter einem Haarfilz auf Stämmen und großen Ästen. Die Raupen schlüpfen im Frühjahr. Schäden meist nicht groß. Wenn nötig, Bekämpfung durch Absuchen der Eigelege im Herbst und Winter.

Goldafter

Eiablage im Sommer. Die Raupen leben gesellig und spinnen sich zur Überwinterung in einem Raupennest ein. Reifungsfraß erst im nächsten Frühjahr, dann manchmal größere Schäden durch Kahlfraß. Brennhaare der Raupen können Reizungen verursachen, deshalb nicht berühren. Eine wirksame Gegenmaßnahme ist das Entfernen der Raupennester im Winter.

Ringelspinner

Die Eier werden im Juli spiralförmig abgelegt. Die Raupen schlüpfen erst im nächsten Mai, sind hübsch gezeichnet und sehr gefräßig. Nach dem Fraß sammeln sie sich jeweils in Astgabeln und können dort abgesammelt werden. Bekämpfung auch durch Abschneiden der Eigelege im Winter.

Baumweißling

Eiablage im Juni und Juli auf Weißdorn und Obstbäumen. Die Raupen hinterlassen ein typisches Fraßbild: Blattrippen und untere Blatthaut bleiben stehen. Überwinterung in Raupennestern. Der eigentliche Schaden erfolgt erst im Frühjahr durch Fraß an Knospen und jungen Blättern. Deshalb im Winter Raupennester entfernen. Der Schmetterling ist so selten geworden, daß man die Schäden tolerieren sollte.

Großer Fuchs

Eiablage meist im Juli/August an Obstbäumen, Weiden, Ulmen. Die Raupen schlüpfen im Frühjahr, fressen gesellig und ziehen sich abends in ein gemeinsames Gespinst zurück. Die Schäden bleiben meist gering. Da der schöne Schmetterling selten wird, nicht bekämpfen!

Nonne

Vorwiegend auf Fichten anzutreffen; weniger oft auf Kiefern, Buchen, Eichen; eher selten auf Apfel- und Pflaumenbäumen. Die Raupe ist kurz mit großem, dunklem Kopf. Zeitweise erhebliche Schäden im Forst. Im Hausgarten meist kein bekämpfungswürdiger Zustand. Wenn nötig, die Raupenspiegel genannten Fraßgesellschaften zerdrücken.

7. **Blaukopf**
a Raupe; b Kokon; c Puppe; d männl. Falter; e weibl. Falter.
8. **Kleiner Frostspanner**
a Raupen; b Puppe; c männl. Frostspanner; d weibl. Frostspanner; e Fanggürtel; f Eiablage.

Diloba caeruleocephala
Familie
Noctuidae
Eulen

Operophthera brumata
Familie
Geometridae
Spanner

Erannis defoliaria
Familie
Geometridae
Spanner

Gastropacha quercifolia
Familie
Lasiocampidae
Glucken

9. **Großer Frostspanner**
a Raupe; b Puppe; c männl. Schmetterling; d weibl. Schmetterling; e Eigelege.
10. **Kupferglucke**
a Raupe; b weibl. Schmetterling auf Puppenkokon sitzend; c männl. Schmetterling; d Eier.

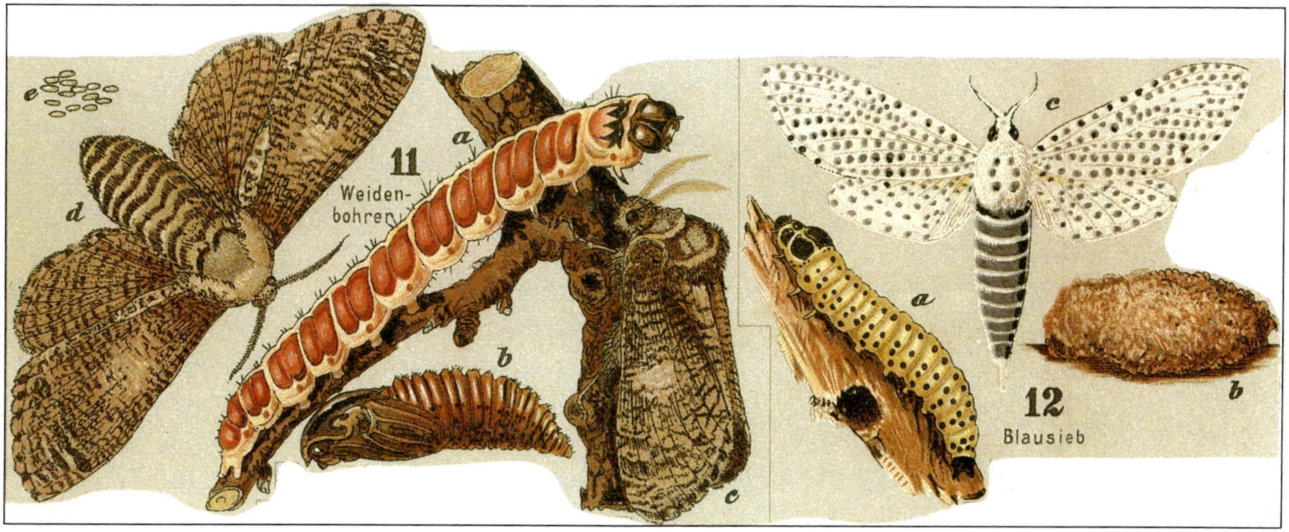

11. **Weidenbohrer**
a Raupe; b Puppe; c männl. Schmetterling; d weibl. Schmetterling; e Eier.
12. **Blausieb, Kastanienbohrer**
a Raupe; b Puppe; c Falter.

Cossus cossus
Familie
Cossidae
Holzbohrer

Zeuzera prynina
Familie
Cossidae
Holzbohrer

Blaukopf

Eiablage im Herbst. Im Frühjahr fressen die Raupen an Blättern und jungen Früchten, Schaden meist gering.

Kleiner Frostspanner häufiger Schädling

Einer der verbreitetsten Obstschädlinge mit häufig wechselndem Befallsdruck. Die Eiablage erfolgt zerstreut auf den Ästen im Herbst. Die Raupen schlüpfen im Frühjahr. Ein Kennzeichen sind die versponnenen Triebe. Verpuppung im Boden. Die nicht flugfähigen Weibchen kriechen ab September/Oktober am Stamm aufwärts zur Eiablage. Wird um den Stamm und separat um den Pfahl eine etwa 15 cm breite Pappmanschette mit einem Draht an der oberen Seite so befestigt, daß das untere Ende wie ein Reifrock absteht, kriechen die am Stamm entlangwandernden Frostspannerweibchen darunter, können nicht weiter und werden von Vögeln herausgepickt. Leimringe sind aufgrund unsachgemäßer Handhabung umstritten.

Großer Frostspanner

Lebensweise wie Kleiner Frostspanner. Triebe nicht versponnen. Auf fast allen Laubholzarten anzutreffen.

Kupferglucke

An Obstgehölzen, Weißdorn, Schlehe, Rosen. Fraßtätigkeit im Frühsommer, vor allem an Gipfeltrieben. Schaden auffällig aber nicht häufig. Junge Raupen überwintern.

Weidenbohrer

An Obstbäumen, Weide, Pappel, Eiche, Linde, Walnuß. Die sehr groß werdenden Raupen leben oft zu mehreren 2 bis 3 Jahre lang im Holz und können größere Äste aushöhlen. Bezeichnend sind die Löcher in der Rinde, die scharf nach Essig riechen. Verpuppung im Mulm. Im Garten selten auftretend. Falter bis über 10 cm Flügelspannweite.

Blausieb, Kastanienbohrer

Lebensweise wie Weidenbohrer. Löcher sind kleiner und riechen nicht nach Essig. Zu finden in Kastanien, Esche, Buche, Linde, Pappel, Flieder, Götterbaum. Nicht häufig.

13. **Schwan**
a Raupe; b Kokon; c Puppe; d weibl. Falter; e männl. Falter; f Eischwämmchen.
14. **Traubenwickler, Sauerwurm**
a Raupe; b Puppe; c Schmetterling; d Eiablage; e Befall an Beeren durch die 2. Generation.

Porthesia similis
Familie
Lymantriidae
Trägspinner

Sparganothis pilleriana
Familie
Tortricidae
Wickler

Eupoecilia ambiguella
Lobesia botrana
Familie
Tortricidae
Wickler

Abraxas grossulariata
Familie
Geometridae
Spanner

15. **Springwurm**
a Raupe; b Puppe; c Schmetterling; d Eiablage; e Kokon.
16. **Stachelbeerspanner, Harlekin**
a Raupe; b Puppe; c Schmetterling; d Eier.

17. **Johannisbeerspanner**
a Raupe; b Puppe; c Falter; d Eier.
18. **Glasflügler**
a Raupe; b Puppe; c Falter; d Eier;
e Zweigstummel, von der Raupe beim Einbohren bevorzugt.

Familie
Geometridae
Spanner

Synanthedon spec.
Familie
Aegeriidae
Glasflügler

Schwan

Eiablage in kleinen Schwämmchen, die mit goldgelber Afterwolle des Schmetterlings bedeckt sind. Die Raupen schlüpfen im Herbst und überwintern in einem braunen Gespinst in Rindenritzen. Reifungsfraß im zeitigen Frühjahr an Knospen und am Laub der Obstbäume. Der Schmetterling ähnelt dem Goldafter, das Körperende ist heller.

Traubenwickler, Sauerwurm, Heuwurm

Blütentrauben der Rebstöcke werden im späten Frühjahr versponnen. Im Innern frißt die Raupe des Traubenwicklers. Verpuppung im Frühsommer an den befallenen Pflanzen. Die zweite Generation ab Mitte August richtet Schäden an den noch unreifen Beeren an, die anschließend faulen. Am Hausspalier auf den Befall achten und junge Raupen sowie Puppen absammeln. Nützlicher Gegenspieler ist der Ohrwurm.

Springwurm

Im Frühjahr werden Blätter und Wurzelansätze der Weintraube zusammengewebt. Im Gespinst lebt die Raupe des Springwurms, die sich bei einer Störung ruckartig zurückschnellt (Name) und sich an einem Faden zu Boden gleiten läßt. Eiablage auf der Oberseite der Weinblätter. Die jungen Raupen im Herbst schaden kaum. Nach der Überwinterung kann man sie leicht finden und ablesen.

Stachelbeerspanner, Harlekin

Mehrere Generationen im Jahr; verschiedene Entwicklungsstadien können gleichzeitig vorkommen. Die Raupen fressen zuerst im Innern des Stachelbeerstrauches, dann weitet sich der Schaden aus. Verpuppung im Strauch. Junge Raupen lassen sich im Herbst mit dem Laub zu Boden fallen und überwintern dort. Heutzutage sehr selten, deshalb Befall möglichst tolerieren.

Johannisbeerspanner

Das Schadbild entspricht dem des Stachelbeerspanners. Die Raupen sind grün gefärbt, mit weißen Rückenlinien. Verpuppung im Boden. Bei starkem Befall das Fallaub entfernen und vernichten. Im Sommer die Raupen in den Morgenstunden abklopfen.

Glasflügler

Die Raupen des mücken- oder schnakenähnlichen Falters leben im Innern der Triebe von Johannisbeeren, Stachelbeeren und Himbeeren. Die Triebe gehen zugrunde. Als Gegenmaßnahme die befallenen Triebe möglichst tief abschneiden, keine Stummel stehen lassen.

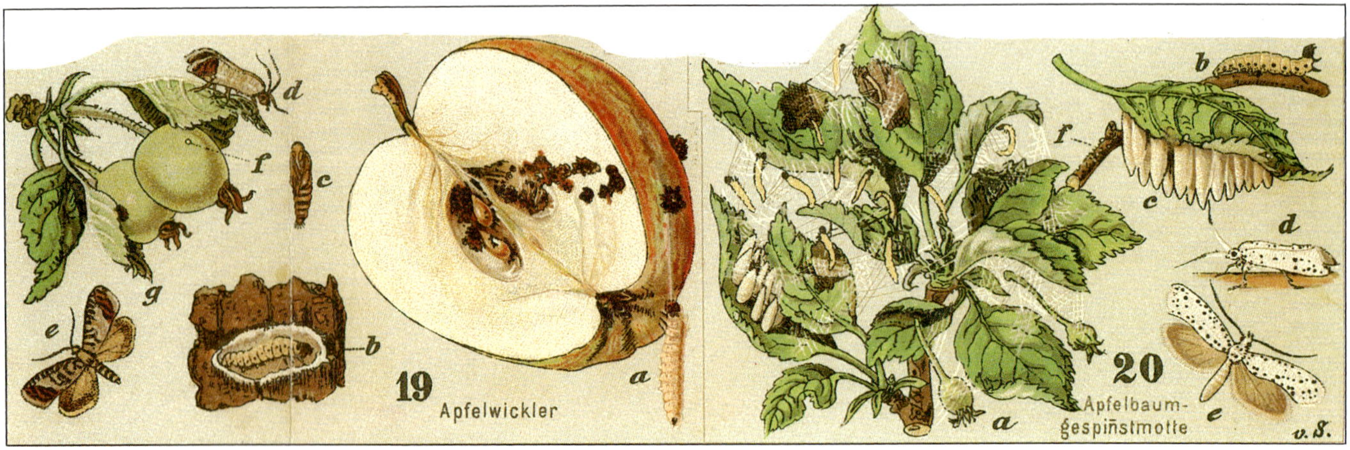

19. **Apfelwickler**
a Raupe; b Kokon; c Puppe; d, e Falter; f Ei; g frisch geschlüpftes Räupchen, meist hinter aufgeklebtem Blatt.
20. **Gespinstmotte**
a Nest mit Räupchen und Puppen; b Raupe; c Kokon; d, e Schmetterling; f Eier.

Laspeyresia pomonella
Familie
Tortricidae
Wickler

Yponomeuta spec.
Familie
Yponomeutidae
Gespinstmotten

Melolontha melolontha
Familie
Scarabaeidae
Blatthornkäfer

Anthonomus pomorum
Familie
Curculionidae
Rüsselkäfer

21. **Maikäfer**
a Männchen; b Weibchen (Unterscheidungsmerkmal: Fühler); c Eier; d Engerling in verschiedenen Lebensaltern; e Puppe.
22. **Apfelblütenstecher**
a befallene Knospen; b Vollinsekt, nat. Größe; c Vollinsekt, vergrößert; d Larve (Kaiwurm); e Puppe.

Rhynchites coeruleus
Familie
Curculionidae
Rüsselkäfer

Byctiscus betulae
Familie
Curculionidae
Rüsselkäfer

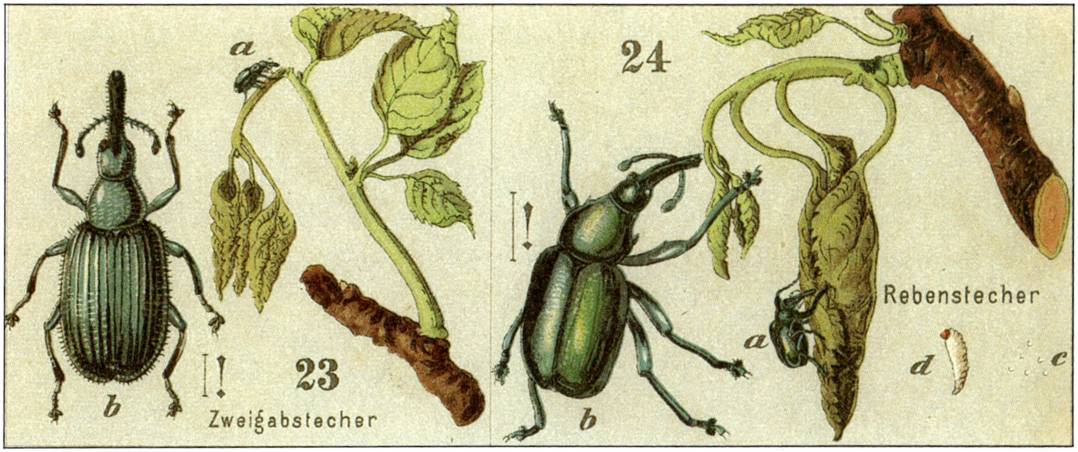

23. **Zweigabstecher**
a Vollinsekt, nat. Größe; b Vollinsekt, vergrößert.
24. **Rebenstecher**
a weibl. Rebenstecher am Birnentrieb; b Vollinsekt; c Eier; d Larve.

Apfelwickler häufiger Schädling

Ab Mitte Juni Eiablage auf den jungen Äpfeln. Die ausschlüpfenden Räupchen fressen sich in die Frucht hinein, das Fraßloch verwächst wieder. Die befallenen Äpfel fallen vorzeitig ab. Die Raupe verläßt die Frucht, klettert am Baum wieder hoch, um sich in einer Ritze zu verpuppen. Deshalb abgefallene Äpfel regelmäßig und rechtzeitig einsammeln. Wellpapp-Fanggürtel um Stamm und ebenso um den Pfahl anlegen. Gezielter Einsatz der Schlupfwespe *Trichogramma* noch vor Beginn der Eiablage. Dazu ist es nötig, den Flugbeginn der Falter mit einer Duftstoff-Falle festzustellen.

Gespinstmotte

Im Vorsommer schleierähnliche Raupennester mit hunderten von Räupchen. Verschiedene Arten an Apfel, Zwetschge, Weißdorn, Schlehe, Pfaffenhütchen. Im Garten nur selten starker Kahlfraß, der zwar der Ernte, nicht aber den Gehölzen sehr schadet. Zur Bekämpfung die noch kleinen Gespinste rechtzeitig ausschneiden.

Maikäfer

Seit einer Reihe von Jahren sehr selten auftretend. Die Lebenszeit des Käfers beträgt nur wenige Wochen. Eiablage im lockeren Boden. Die Engerlinge leben drei bis vier Jahre im Erdboden. Schäden durch ihre Fraßtätigkeit im Obstgarten nur bei Neupflanzungen möglich.

Apfelblütenstecher

Die Eier werden in die schwellenden Knospen abgelegt. Der Befall unterstützt häufig die natürliche Ausdünnung. Meist nicht bekämpfungswürdig, ausgenommen bei starkem Befallsdruck an Waldrändern. Wellpappemanschetten ab dem Spätwinter um die Bäume legen und die Käfer, die sich hier ansammeln, vernichten.
Bei Birne: Birnenblütenstecher.

Zweigabstecher

Weibliche Tiere fressen Triebspitzen bei allen Obstbäumen soweit an, bis sie abknicken. Dann erfolgt hier die Eiablage. Die jungen Larven dringen ins Mark der welken Triebe ein. Zur Bekämpfung die abgeknickten Triebe abschneiden und vernichten.

Rebenstecher

Aus Blättern von Reben, Birne und Quitte formt das Weibchen des Rebenstechers bei der Eiablage zigarrenförmige Gebilde, die nach wenigen Tagen tiefschwarz werden. Die Wickel fallen bald ab. Die Larvenentwicklung erfolgt im Innern. Bekämpfung durch rechtzeitiges Vernichten der Blattzigarren.

25. **Apfelstecher**
a Purpurroter Apfelstecher; b Goldgrüner Apfelstecher; c Larve.
26. **Pflaumenbohrer**
a Larve; b Käfer, nat. Größe; c Käfer, vergrößert.

Rhynchites spec.
Familie
Curculionidae
Rüsselkäfer

Rhynchites cupreus
Familie
Curculionidae
Rüsselkäfer

27. **Schmalbauch**
a Käfer, nat. Größe; b Käfer, vergrößert.
28. **Dickmaulrüßler (Nascher)**
a Käfer, nat. Größe; b Käfer, vergrößert.

Phyllobius delongus
Familie
Curculionidae
Rüsselkäfer

Otiorrhynchus spec.
Familie
Curculionidae
Rüsselkäfer

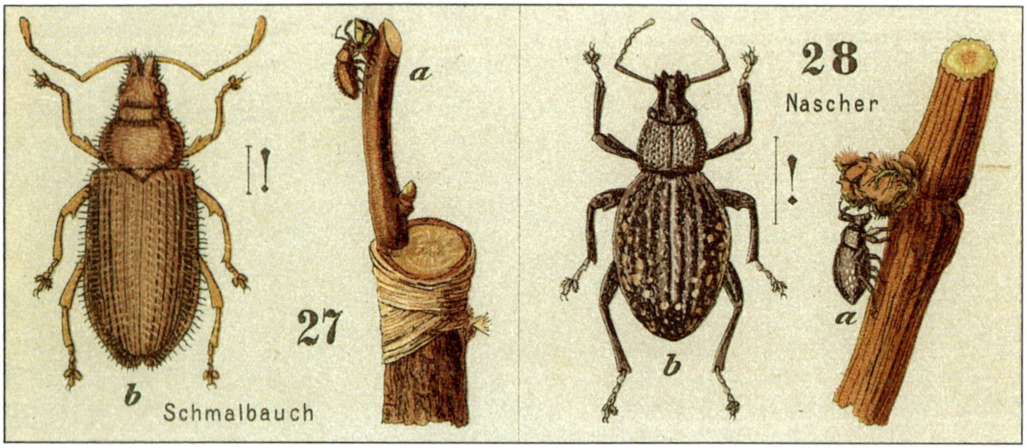

Phyllopertha horticola
Familie
Scarabaeidae
Blatthornkäfer

Scolytus mali
Familie
Scolytidae
Borkenkäfer

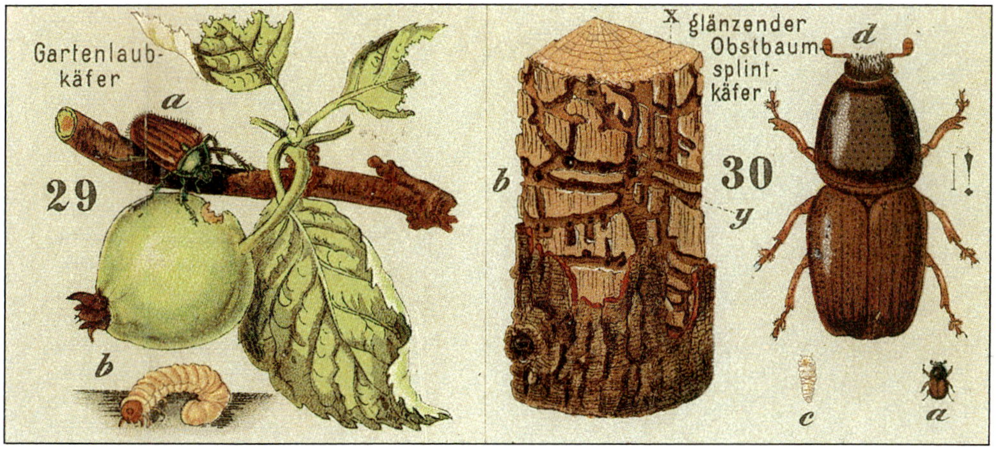

29. **Gartenlaubkäfer**
a Käfer; b Larve.
30. **Obstbaumsplintkäfer**
a Käfer; b Befallsstelle; x senkrechter Muttergang; y Larvengang.

Apfelstecher

Ab Ende Juni bohren die Weibchen zur Eiablage Löcher in Äpfel, Birnen oder Aprikosen. Befallene Früchte fallen ab. Die Verpuppung erfolgt in der Erde. Zur Bekämpfung das Fallobst entfernen.

Pflaumenbohrer

Gelegenheitsschädling. Eiablage an jungen Früchten von Kirschen, Pflaumen und Zwetschgen, deren Stiele dabei bis auf einen kleinen Rest durchgefressen werden. Bald darauf fallen die Früchte ab. Befallene Früchte aufsammeln.

Schmalbauch

Mitte April Käferfraß an Knospen und Blättchen, vor allem bei Veredlungen. Schäden kommen vorwiegend in den Baumschulen vor. Die Eier werden in den Blütenknospen abgelegt, welche verkümmern. Larven fressen sich in den Fruchtstiel und fallen mit diesem zu Boden, wo sie sich verpuppen. Zur Bekämpfung vor allem die jungen Bäume öfter abklopfen und herabfallende Käfer auf untergelegten Tüchern oder Folien sammeln und vernichten. Propfreiser durch Wundwachs schützen.

Dickmaulrüßler (Nascher) häufiger Schädling

Käferfraß an den schwellenden Knospen der Rebstöcke im Frühjahr. Die Larven sind hier weniger schädlich, dafür um so mehr in Pflanzkübeln und Balkonkästen, die mit ausdauernden Ziergehölzen bepflanzt sind (siehe auch Seite 9).

Gartenlaubkäfer, Kleiner Rosenkäfer

Lebensweise ähnlich wie beim Maikäfer. Schäden jedoch weit weniger stark als bei dessen früherem Massenauftreten. Auch die Engerlinge sind weniger gefräßig.

Obstbaumsplintkäfer

Vor allem junge, aber auch geschwächte Obstbäume kümmern, Äste sterben teilweise ab. Meist in der Nähe von Verzweigungen befinden sich stecknadelkopfgroße Löcher (Schrotschußeffekt), bei Steinobst hier Gummiaustritt. Unter der Rinde senkrechte Hauptgänge und waagrechte Larvengänge. Wird der Schaden rechtzeitig entdeckt, an den Befallsstellen die Rinde vollends lösen und die Tiere entfernen. Sonst befallene Teile entfernen und vernichten.

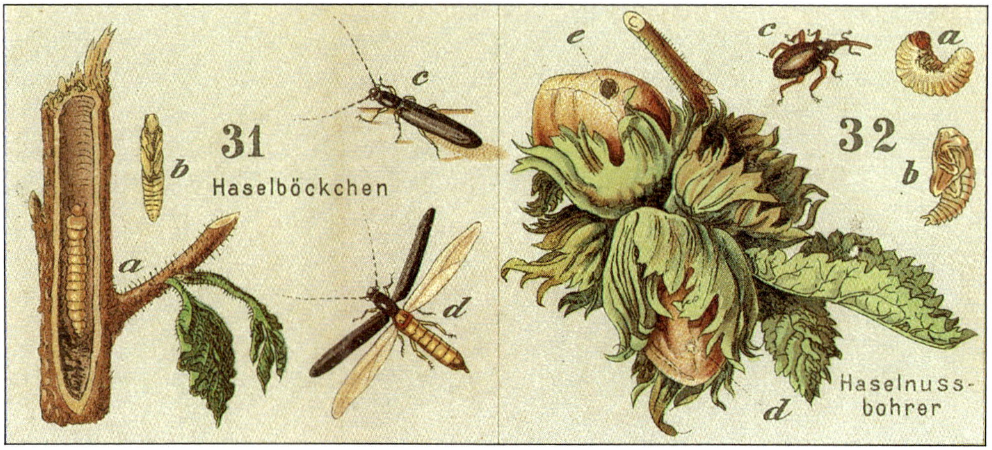

31. **Haselnußböckchen**
a Larve; b Puppe; c, d Käfer.

32. **Haselnußbohrer**
a Larve; b Puppe; c Käfer.

Oberea linearis
Familie
Cerambycidae
Bockkäfer

Curculio nucum
Familie
Curculionidae
Rüsselkäfer

Überfamilie
Aphidoideae
Blattläuse

Eriosoma lanigerum
Familie
Eriosomatidae
Woll- und Blasenläuse

33. **Blattläuse**
a befallene Triebspitze; b ungeflügelte Apfelblattlaus; c befallenes Kirschenblatt; d Kirschblattlaus, vergr.; e geflügelte Himbeerlaus; f Eigelege im Winter; e Ei.
34. **Blutlaus**
a befallener Apfelzweig; b Blutlaus von der Bauchseite; c geflügelte Blutlaus.

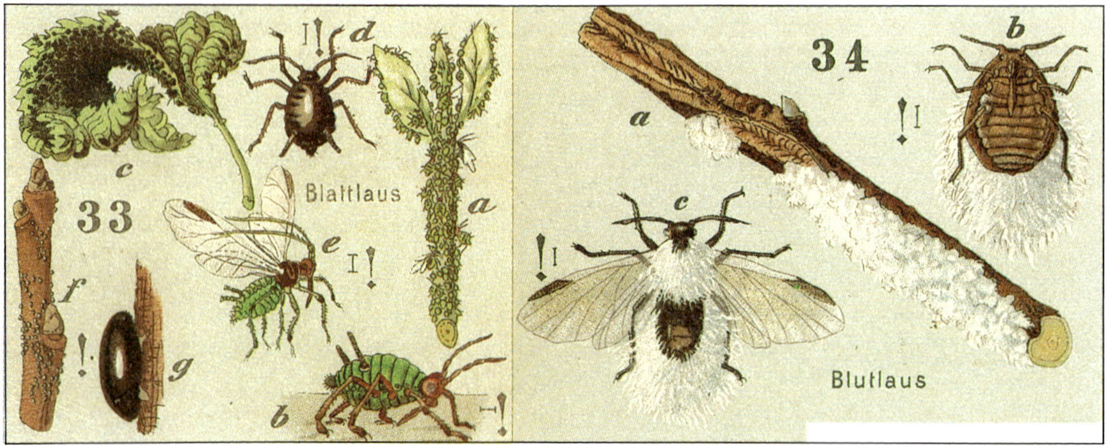

Psylla spec.
Familie
Psyllidae
Blattsauger

Eulecanium corni
Familie
Coccidae
Schildläuse

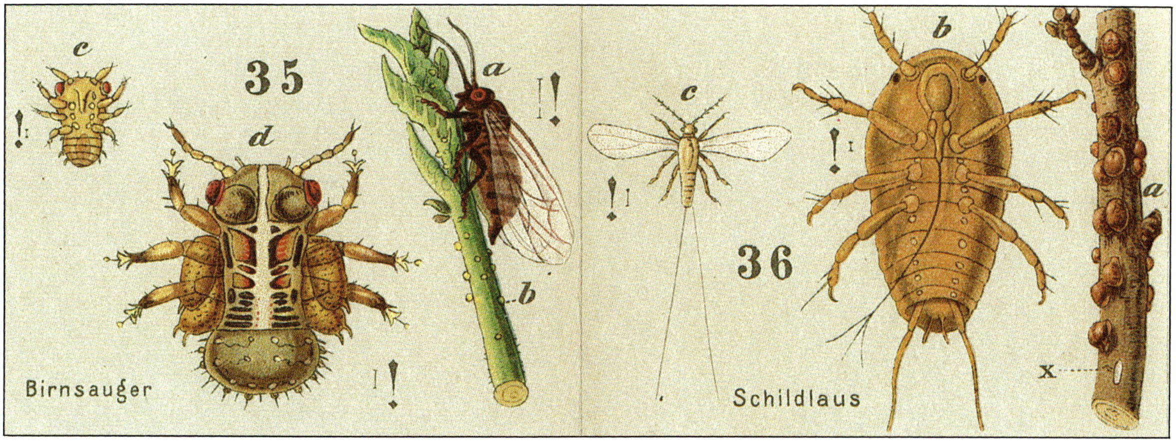

35. **Birnblattsauger**
a weibl. Vollinsekt; b Eier, nat. Größe; c junge Larve; d ältere Larve.
36. **Schildlaus**
a befallener Johannisbeerzweig mit weibl. Tieren; x männliches Tier; b junge Schildlaus; c flugfähiges männliches Tier.

Haselnußböckchen

Einzelne junge Triebe verwelken. Im Mark findet sich eine fußlose Larve mit braunem Kopf. Eiablage erfolgt in der Nähe der Triebspitzen. Auf welkende Triebe im Sommer achten und diese rechtzeitig ausschneiden.

Haselnußbohrer häufiger Schädling

Abgefallene oder frühreife Nüsse haben ein Bohrloch und sind taub. In noch hängenden Nüssen mit brauner Bohrstelle sind häufig die Larven zu entdecken. Verpuppung im Boden. Eiablage im August. Zu dieser Zeit an jungen Sträuchern die Käfer regelmäßig abklopfen und befallene Nüsse entfernen, da eine Larve mehrere Nüsse nacheinander aufsucht.

Blattläuse

Auf allen Obstarten zu finden. Geringer Befall unerheblich. Bekämpfungsmaßnahmen auch bei starkem Befall wegen der zahlreich auftretenden Nützlinge umstritten. Mit scharfem Wasserstrahl abwaschen, nach vorheriger Seifenlaugenspritzung (siehe Nr. 67, S. 26). Leimringe anbringen gegen hinaufkriechende Läuse und Ameisen, welche die Blattläuse häufig gegen die Nützlinge verteidigen.

Blutlaus

Vor allem an der Unterseite jüngerer Triebe und an Schnittstellen anzutreffen. Massenbefall führt zu krankhaften Wucherungen. Die wollartigen Wachsausscheidungen schützen die Tiere. Befallsstellen mit Mitteln gegen die Blutlaus einpinseln. Natürlicher Gegenspieler ist die Blutlauszehrwespe; sie parasitiert die Larven der Blutlaus.

Birnblattsauger

Vorwiegend an Spalier- und Formobst. Erkennbar an verkrümmten Triebspitzen ab Ende Mai. In den verkräuselten Blättchen sitzen die gelbbraunen Larven. Starke Honigtauausscheidung. Die Eier sind ab April als gelbe Punkte zu erkennen. Bekämpfung durch Abstreifen oder vorsichtiges Abbürsten (alte Zahnbürste). Eine unterlassene Bekämpfung führt zu verkrüppelten und absterbenden Trieben.

Schildlaus häufiger Schädling

Apfelkerngroße oder kleinere Chitinhöcker des abgestorbenen Muttertieres auf Zweigen und Stämmen sind die Schutzschilde für die sich darunter entwickelnden Jungtiere. Bei starkem Befall können sämtliche Obstgehölze geschädigt werden. Gegenmaßnahmen: Abbürsten der Schildlauskrusten im Winter. Gezielte Ölspritzungen gegen die überwinternden Larven.

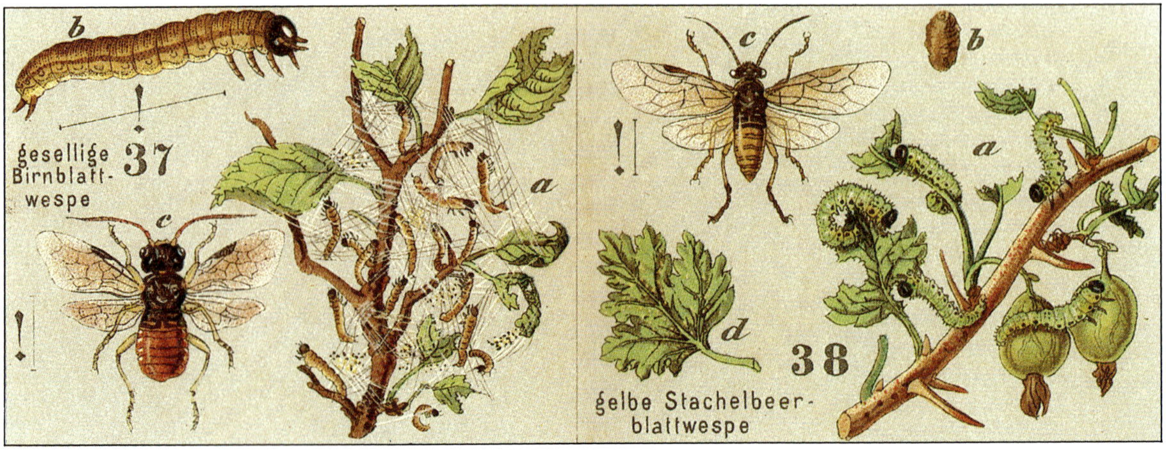

37. **Birnblattwespe**
a Gespinst; b Larve; c Birnblattwespe.
38. **Stachelbeerblattwespe**
a Larven; b Kokon; c Blattwespe; d Eier an der Blattunterseite.

Neurotoma saltuum
Familie
Pamphiliidae
Gespinstblattwespen

Hoplocampa spec.
Familie
Tenthredinidae
Blattwespen

Pteronus ribesii
Familie
Tenthredinidae
Blattwespen

Rhagoletis cerasi
Familie
Trypetidae
Bohr- und Fruchtfliegen

39. **Pflaumensägewespe**
a befallene Frucht mit Gummifluß; b ausgewachsene Larve; c weibl. Sägewespe.
40. **Kirschfruchtfliege**
a Made; b Kirschfliege, vergr.

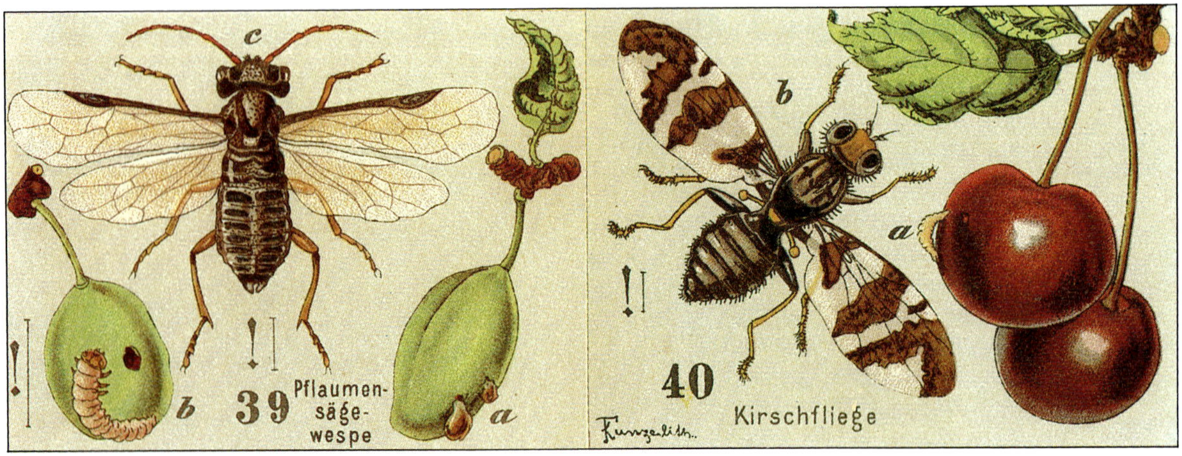

Eriocampoides limacina
Familie
Tenthredinidae
Blattwespen

Contarinia pirivora
Familie
Itonididae
Gallmücken

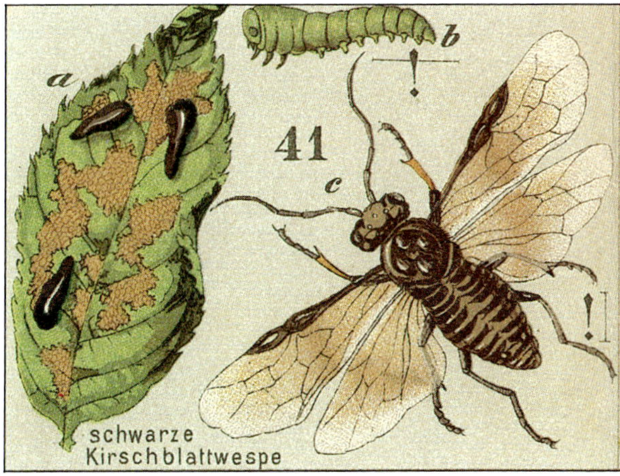

41. **Kirschblattwespe**
a Larven; b Larve, vergr.; c Wespe, vergr.

42. **Birnentrauermücke**
a Made; b Trauermücke; c verformte, befallene Frucht.

Birnblattwespe

Im Frühjahr werden die kümmelkornähnlichen Eier an die Blattunterseite gelegt. Im Sommer treten Gespinste auf, darin finden sich braungelbe Larven mit dünnen Hörnchen am Hinterleib. Bekämpfung durch Entfernen der Gespinste.

Stachelbeerblattwespe häufiger Schädling

Im Frühjahr starke Fraßtätigkeit der Larven an Stachelbeeren und Johannisbeeren, manchmal bis zum Kahlfraß. Verpuppung im Boden. Zweiter Befall im Sommer. Verminderung des Schadens durch Abklopfen der jungen Raupen auf untergelegtes Packpapier möglich.

Pflaumensägewespe häufiger Schädling

Die Eiablage erfolgt in ein Bohrloch am Fruchtknoten der Blüte. Larven wachsen in der jungen Frucht mit und fressen den Stein. Geschädigte Früchte fallen ab. Verpuppung im Boden. Das Absammeln und Vernichten befallener Früchte mindert dann den Befall im Folgejahr, wenn die Larven noch in den Früchten leben. Bei der Klopfprobe werden die in den frühen Morgenstunden noch starren Insekten über einem Tuch gesammelt und beseitigt (gute Kenntnis der Sägewespen erforderlich).

Kirschfruchtfliege häufiger Schädling

Die Eiablage erfolgt im Frühjahr in der Nähe des Fruchtstiels der sich eben färbenden Früchte. Die Maden bohren sich durch die Fruchthaut ins Innere, lassen den Stein aber unversehrt. Verpuppung im Boden. Zeitiges und vollständiges Abernten aller Früchte verhindert das Auswandern und Verpuppen der Maden und damit den nächstjährigen Befall. Das Abdecken der Baumscheibe mit einem engmaschigen Netz oder Vlies noch vor dem Puppenschlupf unterbindet den Hochzeitsflug der Schädlinge. Das Aufhängen leimbeschichteter Gelbtafeln ist nur bedingt als direkte Maßnahme geeignet.

Kirschblattwespe häufiger Schädling

Eiablage im Frühsommer an den Blättern. Nacktschneckenähnliche Larven leben unter schleimartiger Schutzschicht. Fraß bis zur unteren Blatthaut (Fensterfraß). Eine zweite Generation kann ab August auftreten. Die Kirschblattwespe kann nur jungen Bäumen schädlich werden. Soweit praktikabel, Blätter samt Larven entfernen.

Birnentrauermücke, Birnengallmücke häufiger Schädling

Eiablage bereits an den Blütenknospen. Die Maden bohren sich in den Fruchtknoten ein und deformieren die heranwachsende Frucht. Das Abernten von befallenen und mißgebildeten Früchten, noch bevor die Larven ausgewandert sind, mindert den Befall im Folgejahr.

43. **Wanzen**
a Beerenwanze; b Erdwanze, vergr.

Unterordnung
Heteroptera
Wanzen

Wanzen

Beschädigungen von jungen Trieben und Früchten durch Saugtätigkeit. Schaden meist gering. Neben einigen Schädigern gibt es auch zahlreiche nützliche Wanzenarten (Raubwanzen).

Inhalt